DIQU DIANWANG
XITONG YUNXING FENGXIAN KONGZHI SHOUCE

地区电网系统运行风险控制手册

廖　威　甘家武　主编

中国水利水电出版社
www.waterpub.com.cn
·北京·

内 容 提 要

　　本书以系统运行领域核心业务为脉络,以电网风险控制为主线,阐述系统运行领域各专业的核心业务流程节点,并深入分析各流程节点存在的风险以及明确有效的控制措施,以降低调度系统运行的风险。

　　本书主要供全国电力行业调度系统专业技术人员阅读、学习,也可作为高等院校电气工程及其自动化专业师生的实践教材和参考书。

图书在版编目(CIP)数据

地区电网系统运行风险控制手册 / 廖威, 甘家武主编. -- 北京 : 中国水利水电出版社, 2018.10
ISBN 978-7-5170-7010-8

Ⅰ. ①地… Ⅱ. ①廖… ②甘… Ⅲ. ①电网-电力系统运行-风险管理-手册 Ⅳ. ①TM727-62

中国版本图书馆CIP数据核字(2018)第228294号

书　　名	**地区电网系统运行风险控制手册** DIQU DIANWANG XITONG YUNXING FENGXIAN KONGZHI SHOUCE	
作　　者	廖威　甘家武　主编	
出版发行	中国水利水电出版社 (北京市海淀区玉渊潭南路 1 号 D 座　100038) 网址:www. waterpub. com. cn E-mail:sales@waterpub. com. cn 电话:(010) 68367658 (营销中心)	
经　　售	北京科水图书销售中心 (零售) 电话:(010) 88383994、63202643、68545874 全国各地新华书店和相关出版物销售网点	
排　　版	中国水利水电出版社微机排版中心	
印　　刷	北京合众伟业印刷有限公司	
规　　格	184mm×260mm　16 开本　8.5 印张　202 千字	
版　　次	2018 年 10 月第 1 版　2018 年 10 月第 1 次印刷	
印　　数	0001—1000 册	
定　　价	**50.00 元**	

《地区电网系统运行风险控制手册》
编 撰 委 员 会

主　　编　　廖　威　　甘家武

副 主 编　　郭　伟　　白建林　　张碧华　　潘　蕊

编　　委　　张春辉　　徐　扬　　张　琨　　乔连留　　张弓帅

　　　　　　袁　伟　　叶小虎　　张　云　　李邦源　　廖汉升

　　　　　　杨　金　　蒋　渊　　周　斌　　沈　航　　丁五强

　　　　　　路天君　　杜　虎　　杨　睿　　李芳方　　郑应荣

审 定 委 员 会

主任委员　　郭　伟

审定委员　　白建林　　杭　斌　　张碧华　　潘　蕊

前言

FOREWORD

在全国电网调度系统大力推进调控一体化建设的背景下，电网调度工作日趋复杂，电力调度各专业风险不断增加，电力市场化改革、安全生产、经济运行、供电可靠性等多维因素叠加，导致电力调度专业管理人员、专业技术人员面临的安全生产风险不断增加。如何有效地控制风险，是亟待解决的问题，其中如何提升风险控制基础性管理显得尤为重要。

本书结合国家电网有限公司、中国南方电网有限责任公司（以下简称"南方电网"）风险控制相关经验，系统归纳和总结了电力调度系统的工作实践经验，从运行方式、自动化、主网调度控制、配网调度控制、通信运维、通信调度、配网抢修、继电保护、网络安全防护等九大细分专业领域，全面详细地阐述了风险控制要求及措施，并在实际工作中进行了检验，针对性、实用性非常强，是非常实用的电力调度系统风险控制的学习、培训教材，同时也可以作为实际工作的参考资料。

本书由南方电网云南玉溪供电局系统运行部组织编写，云南财经大学甘家武副教授进行了全过程的指导和编写。编写中也得到了南方电网云南玉溪供电局局领导、各单位以及各县级供电企业的帮助和支持，在此一并谨表谢意。

本书是在电力调度系统各规程制度基础之上修编，融入了大量的工作实践经验。由于编者水平和能力有限，编写时间仓促，书中难免有错误和不妥之处，敬请读者和相关专业技术人员批评指正。

编者

2018 年 6 月

说　　明

在国家电力体制改革方针的指引下，电力企业为实现又好又快的发展，需要不断加大力度推进安全生产精益管理，并将安全生产精益管理深入到各工作流程节点，将风险控制措施落实到各个员工执行的动作规范之中。虽然电力企业都在大力开展安全生产风险管理体系建设工作，但当前电力企业安全生产的形势依然严峻。近年来，各项安全大检查中不安全、不规范的行为依然不少，电力安全事件时有发生。

在严峻的形势下，电力企业需要深入思考安全精益化管理的要义，结合地区电网系统运行（电力调度）领域管理、作业业务制度，开展专业核心业务流程细化梳理、风险辨识、风险控制和回顾改进。根据电力调度各专业安全生产特点，按细分的九大专业领域工作中的各重要流程节点，全面详细地分析各专业核心业务任务步骤中暴露出的风险，并对应地明确具体、有效的风险控制措施。

本书通过核心业务控制措施的编制，细化、规范每个节点的管理要求，让员工在执行中动作、行为有规范可依，避免安全责任事件的发生，减少意外损失。本书所列出的各风险管控措施都经过了实际工作的检验，能够有效地控制风险，将风险降低至可接受范围内，从而确保电网安全、高效、可靠、经济运行。

本书参考了国家电网、南方电网有关风险防控手册的表格形式，结合工作实践，对地区电网的系统运行风险控制进行了梳理，以方便技术人员在工作中对照查阅。

目录

CONTENTS

1 运行方式

1.1 检修申请受理

运行方式专业核心业务控制措施单1		核心任务：检修申请受理	
序号	任务步骤	风险暴露信息（人员/设备/电网/环境）	现有措施
1	检修申请有关安排条件检查	调度自动化系统设备	（1）涉及运行设备改造时，检修申请应注明设备改造前后的变化情况，当存在改造后造成一次设备图实不符、线路改造对电网网络结构有影响等情况时，要求附图说明。 （2）对于需签订调度协议的用户（电厂），受理新设备投运申请时核实调度协议是否已经签订。 （3）严格对照检修计划所列内容，对工作地点、工作时间等进行审核。 （4）根据月度检修计划评估检修申请对电网的影响程度，计算风险值，制定控制措施，按风险管理要求提前发布风险预警，保证电网运行风险在可接受范围内
2	申请类型检查	电网及相关设备	（1）受理检修申请时，检查检修申请属性（计划、非计划、紧急）是否符合要求、相关部门审批是否满足要求，并根据检修设备调度管辖范围选择相应的执行方式（中调执行、地调执行、配调执行、新设备投运申请）。 （2）受理检修申请时，检查检修申请类型，分辨是属于一次设备检修单、二次设备检修单、自动化申请单，还是属于通信检修申请单

运行方式专业核心 业务控制措施单 1		核心任务：检修申请受理	
序号	任务步骤	风险暴露信息 （人员/设备 /电网/环境）	现　有　措　施
3	停电范围 及设备检查	电网及相 关设备	（1）检修申请填报内容应填报规范的设备名称，概括说明需开展的检修、技改、试验等工作安排以及工作实施的相关要求及影响范围，明确对设备的状态要求（含一次、二次设备等），明确线路安全措施要求；检修申请的停电范围应与工作内容及实际要求相符，不得随意变更、扩大工作内容或扩大停电范围。 （2）要求一个设备状态变化一次填写一张检修申请单，一份检修申请只针对一个状态变化，不能把多个状态变化同时填写在一份检修申请单中

1.2　检修申请批复

运行方式专业核心 业务控制措施单 2		核心任务：检修申请批复	
序号	任务步骤	风险暴露信息 （人员/设备 /电网/环境）	现　有　措　施
1	批复准备	电网及其 相关设备	（1）分析对电网结构、运行方式、供电可靠性、负荷平衡的影响。 （2）分析设备是否会过载，明确联络线的稳定极限及控制要求。 （3）涉及多个调度机构的设备检修，应考虑管辖设备及运行方式的相互影响
2	申请批复	电网及其 相关设备	（1）运行方式批复用语要求详细、准确、到位，运行方式安排合理，明确复电后设备运行方式。 （2）应对照《电网月度运行方式》或相关电网预警等，认真分析电网运行存在的问题和薄弱环节。

续表

运行方式专业核心业务控制措施单 2			核心任务：检修申请批复
序号	任务步骤	风险暴露信息（人员/设备/电网/环境）	现　有　措　施
2	申请批复	电网及其相关设备	（3）对于有逻辑关系的检修工作，应注明其配合关系，如设备停电后的多项配合检修工作、多个设备之间的先后停电衔接工作等。 （4）多份申请配合工作，需批复停电设备具体由谁操作，并在配合申请栏里对配合申请的编号进行批复。 （5）停电设备退出运行后，对是否进行转供电、转供电的具体步骤如何以及负荷转入运行设备潮流变化情况进行判断，确定是否需要进行运行方式变化，如中压侧、低压侧分段断路器并列；若没有转供电，对运行设备的潮流变化进行判断，确定是否需要控制负荷，控制负荷的量为多少，典型如双台主变运行，单台主变退出运行后，运行主变是否存在过负荷。 （6）停电设备检修前需进行合环调电的，需核实是否满足合环条件。 （7）停电设备是否带有小电联络运行，若有，则需要先安排联络小电进行解列。 （8）评估方式调整过程中的误操作风险，合理安排运行方式。 （9）检修工作结束后，导致电网结构、运行方式变化时，须对工作结束后电网结构、运行方式进行具体的批复，涉及的断路器状态应进行逐一明确。 （10）新设备接入需要执行新设备投运的，则批复执行新设备投运申请。 （11）停电设备为多个调度机构调管时，申请经相关调度机构批复，落实其他调度机构的批复，协调确定停电顺序。 （12）停电设备为上级调度机构许可、下级调度机构管辖时，应明确相应设备的由哪级调度机构组织下令操作。 （13）检修工作或基建工程投运前改变电网设备名称编号或电网接线方式的，应发起图纸更改流程及发起总加负荷公式检查，确保在复电或投运时图实相符、总加负荷公式与实际对应。 （14）重大输变电设备检修、涉及特别复杂的运行方式改变前，进行潮流计算分析并编制《调度方案》，经相关人员讨论、审核、签字后执行

运行方式专业核心业务控制措施单 2		核心任务：检修申请批复	
序号	任务步骤	风险暴露信息（人员/设备/电网/环境）	现 有 措 施
3	申请流转	保护、自动化及通信设备	（1）35kV 及以上线路工作、OPGW 或 ADSS 等光缆的线路检修、站用电检修及直流系统工作、变电站全停以及其他影响通信通道、自动化系统的检修工作应流转到通信专业、自动化专业进行批复，由通信及自动化专业提出注意事项及要求。 （2）涉及 CT 变比调整的检修（新设备）申请应流转至自动化进行批复。 （3）综合自动化系统改造、新间隔投运、基建工程、新建电厂、110kV 及以上客户工程投运申请应流转到通信专业、自动化专业进行批复，由通信及自动化专业对新设备投运前的通信及自动化是否具体投运条件进行说明

1.3　检修计划的编制与平衡、发布

运行方式专业核心业务控制措施单 3		核心任务：检修计划的编制与平衡、发布	
序号	任务步骤	风险暴露信息（人员/设备/电网/环境）	现 有 措 施
1	检修计划的上报	电网及其相关设备	（1）每年 11 月，系统运行部组织编制下一年度检修计划，各单位根据需求上报。 （2）每月 9 日 18：00 时前，各部门、各单位必须将次月月度的检修计划上报至电力调度中心；变电运行单位、配电运行维护单位、客户服务中心、电力调度控制中心在 14 日前完成检修计划相关内容的审核。 （3）工期跨越上报时限的检修计划需一次性全部上报。

运行方式专业核心业务控制措施单 3		核心任务：检修计划的编制与平衡、发布	
序号	任务步骤	风险暴露信息（人员/设备/电网/环境）	现 有 措 施
1	检修计划的上报	电网及其相关设备	（4）为满足提前一周公告停电信息的要求，3月1—2日不安排涉及客户停电的检修工作计划。 （5）各基层单位负责的大修、技改、设备缺陷处理等项目，由各单位负责向调度机构上报检修计划。其余检修计划由工程项目管理（责任）部门、单位负责向调度机构上报。 （6）容量在315kVA及以上客户的检修计划和10kV及以上客户接入工程检修计划由客户服务中心负责编制并上报调度机构，容量在315kVA以下客户的检修计划由配电运行维护单位负责编制并上报调度机构。 （7）发电厂设备检修计划由发电厂运行人员负责向停电设备管辖的调度机构上报。 （8）检修计划上报前填报部门、单位必须进行内部统一协调。检修计划安排应尽量避免国家法定节假日，检修计划及其停电范围的正确性由填报部门负责。涉及客户停电的检修计划，必须填写停电范围，否则视为未报。 （9）每月8日前地调向省调上报省调管辖、许可设备的检修计划
2	检修计划的受理、平衡	电网及其相关设备	（1）设备检修应结合电网的运行情况，考虑对电网安全稳定运行以及对发、供电影响最小等原则进行平衡和安排。 （2）设备检修的工期与周期应符合发、输、变电设备检修的相关规定，遵循"应修必修、修必修好"的原则。 （3）相互关联、相互配合的设备检修应尽量统一安排，避免重复停电。检修、技改、试验、消缺等工作之间应相互配合；涉及发电厂电力送出输电线路停电的检修工作，原则上与电厂机组检修配合；对一次设备的运行状态有要求的二次设备工作，原则上应跟随一次设备的检修进行安排；对于涉及不同单位的同一设备检修，由调度机构统一协调安排；同一单位所属不同站点进行的可配合同时开展的检修项目（如同一线路各侧站点的配合检修项目），原则上要求一次性配合完成；生产性检修项目的时间安排，原则上要求与基建施工配合停电项目协同进行

运行方式专业核心业务控制措施单 3			核心任务：检修计划的编制与平衡、发布
序号	任务步骤	风险暴露信息（人员/设备/电网/环境）	现 有 措 施
3	检修计划的发布、公告	电网及其相关设备	（1）每年 12 月，系统运行部组织发布下一年度检修计划。 （2）月度检修计划经调度机构、生产技术部、市场营销部审核，报分管生产和营销领导批准后于每月 22 日或 23 日印发。各相关单位应根据检修计划提前做好检修及配合准备。 （3）每月 21 日，调度机构将整理完毕的月度检修计划提交市场营销部，由市场营销部根据月度检修计划，发布停电公告

2 自动化

2.1 调度自动化主站系统运行值班作业

自动化专业核心业务控制措施单 1		核心任务：调度自动化主站系统运行值班作业	
序号	任务步骤	风险暴露信息（人员/设备/电网/环境）	现 有 措 施
1	作业前准备	调度自动化系统设备	（1）严格执行主站操作单制度，按规定进行工作许可，并交代现场危险点及控制措施。 （2）严格执行监护制度
2	主网系统检查	调度自动化系统设备	值班人员每天进行至少两次关键设备巡视；值班人员负责做好值班期间各相关规定的记录，按《调度自动化主站系统运行值班作业指导书》逐项检查，并根据设备运行情况填入记录表内
3	机房运行环境及辅助系统检查	调度自动化系统设备	值班人员每天进行至少两次关键设备巡视；值班人员负责做好值班期间各相关规定的记录，按《调度自动化主站系统运行值班作业指导书》逐项检查，并根据设备运行情况填入记录表内
4	配网系统检查	调度自动化系统设备	值班人员每天进行至少两次关键设备巡视；值班人员负责做好值班期间各相关规定的记录，按《调度自动化主站系统运行值班作业指导书》逐项检查，并根据设备运行情况填入记录表内
5	系统运行记录	调度自动化系统设备	（1）处理完毕后做好记录，汇报调度员及相关人员。 （2）在周五安全学习日进行阶段性工作总结，并对典型故障处理进行分析讨论

7

2.2 自动化厂站接入调试

自动化专业核心业务控制措施单 2		核心任务：自动化厂站接入调试	
序号	任务步骤	风险暴露信息（人员/设备/电网/环境）	现 有 措 施
1	数据库录入	变电站内断路器	按照《厂站（配电终端）远传调度、集控站自动化系统"四遥"信息实施细则》确定点表；进行数据库的录入并检查正确性；严格按照《调度自动化主站系统厂站调试表单》进行调试；对于改扩建工程，应在检查数据库正确后方可进行下装参数操作；班组成员完成任务后汇报班组负责人，并由班组负责人对完成的任务进行检查
2	图形绘制	自动化维护人员1人、变电站内断路器	严格按照运行方式提供的图纸、资料或更改通知单要求修改；严格按照《调度自动化主站系统厂站调试表单》进行调试；经其他工作人员检查无误后，方可进行网络保存操作
3	报表制作或修改	自动化维护人员1人、变电站内断路器	严格按照运行方式提供的图纸、资料或更改通知单要求修改；严格按照《调度自动化主站系统厂站调试表单》进行调试；经其他工作人员检查无误后，方可进行网络保存操作
4	通道调试	自动化维护人员1人	现场工作，严格执行工作票制度；严格按照《调度自动化主站系统厂站调试表单》进行调试；按要求佩戴安全防护用品，正确使用工器具；严格执行监护制度
5	与现场做"四遥"信息试验（厂站端）	厂站自动化维护人员1人、变电站内断路器	现场工作，严格执行监护制度；按照所确定的远动点表进行"四遥"信息的逐一核对；严格按照《调度自动化主站系统厂站调试表单》进行调试；正确填写遥控操作票，按照遥控操作票步骤进行相关的遥控、遥调操作，严格执行监护制度
6	与现场做"四遥"信息试验（调度端）	主站自动化维护人员1人	现场工作，严格执行监护制度；按照所确定的远动点表进行"四遥"信息的逐一核对；遥测加量操作前，必须进行数据封锁；严格按照《调度自动化主站系统厂站调试表单》进行调试

续表

自动化专业核心业务控制措施单 2		核心任务：自动化厂站接入调试	
序号	任务步骤	风险暴露信息（人员/设备/电网/环境）	现有措施
7	电网功率总加公式修改	自动化维护人员 1 人、电网设备	严格按照运行方式提供的图纸、资料或更改通知单要求修改；严格按照《调度自动化主站系统厂站调试表单》进行修改
8	电网潮流图修改	自动化维护人员 1 人、电网设备	严格按照运行方式提供的图纸、资料或更改通知单要求修改；严格按照《调度自动化主站系统厂站调试表单》进行修改
9	电网地理图修改	自动化维护人员 1 人、电网设备	严格按照运行方式提供的图纸、资料或更改通知单要求修改；严格按照《调度自动化主站系统厂站调试表单》进行修改
10	检查并记录	自动化维护人员 1 人、变电站内断路器	检查是否有遗漏的点，按照要求全部核对完毕，因条件受限未完成的内容应进行记录。严格按照《调度自动化主站系统厂站调试表单》进行核对检查

2.3 调度生产供电 UPS 和蓄电池检验作业

自动化专业核心业务控制措施单 3		核心任务：调度生产供电 UPS 和蓄电池检验作业	
序号	任务步骤	风险暴露信息（人员/设备/电网/环境）	现有措施
1	作业前准备	调度自动化系统设备	（1）严格执行主站操作单制度，按规定进行工作许可，并交代现场危险点及控制措施。 （2）严格执行监护制度

续表

自动化专业核心业务控制措施单 3		核心任务：调度生产供电 UPS 和蓄电池检验作业	
序号	任务步骤	风险暴露信息（人员/设备/电网/环境）	现　有　措　施
2	UPS 运行状态检查	自动化维护人员 1 人	（1）及时处理发现的异常情况，不能处理的尽快汇报组长组织处理或申请技术支持；一般缺陷向班组负责人汇报，重大缺陷向中心分管领导汇报，影响电网监控的及时通知调控员。 （2）当系统发生故障时，根据故障情况及时启动《调度自动化系统故障现场处置方案》
3	UPS 运行参数记录	调度自动化系统设备	值班人员负责做好值班期间各相关规定的记录，负责处理正常工作时间以外的系统相关工作和系统异常情况
4	UPS 静态检查	自动化维护人员 1 人	（1）严格执行主站操作单制度，按规定进行工作许可，并交代现场危险点及控制措施。 （2）严格执行监护制度
5	电池带负载测试	自动化维护人员 1 人	（1）现场工作，严格执行两票制度；按要求佩戴安全防护用品，正确使用工器具；严格执行监护制度。 （2）检查测试模块与蓄电池正、负极接线，确保测试模块接线正确；接线之前明确蓄电池组与充放电试验仪接线正、负极，确保接线正确；试验仪夹子与蓄电池桩头之间接触必须紧密；控制充放电电流不超过容量的 10%；充放电过程中，密切监视各蓄电池状态，发现异常立即停止试验
6	双电源切换开关 ATS 测试	调度自动化系统设备	（1）现场工作，严格执行两票制度；按要求佩戴安全防护用品，正确使用工器具；严格执行监护制度。 （2）断电前核对是否为 UPS 进线开关，确保中断 UPS 后机房电源不中断；UPS 系统主机切换过程中有专人监护，防止误操作造成设备停机；断开 UPS 进线电源空开前联系自动化人员做好设备监视及应急处理工作

自动化专业核心业务控制措施单 3			核心任务：调度生产供电 UPS 和蓄电池检验作业
序号	任务步骤	风险暴露信息（人员/设备/电网/环境）	现 有 措 施
7	作业终结	调度自动化系统设备	（1）处理完毕后做好记录，汇报调度员及相关人员。 （2）办理主站操作单终结手续。 （3）在安全学习日进行阶段性工作总结，并对典型故障处理进行分析讨论

2.4 调度主站系统定检

自动化专业核心业务控制措施单 4			核心任务：调度主站系统定检
序号	任务步骤	风险暴露信息（人员/设备/电网/环境）	现 有 措 施
1	核实具备开工条件	调度自动化系统设备	（1）严格执行主站操作单制度，按规定进行工作许可，并交代现场危险点及控制措施。 （2）严格执行监护制度
2	物理检查	调度自动化系统设备	（1）严格执行调度主站系统定检表单。 （2）未经许可禁止对设备进行物理操作。 （3）严格执行监护制度
3	系统运行检查	调度自动化系统设备	（1）严格执行调度主站系统定检表单。 （2）未经许可禁止对系统软件、数据库进行操作。 （3）严格执行监护制度
4	二次安防设备检查	调度自动化系统设备	（1）未经许可禁止对设备进行物理操作。 （2）严格执行监护制度

续表

自动化专业核心业务控制措施单 4			核心任务：调度主站系统定检
序号	任务步骤	风险暴露信息（人员/设备/电网/环境）	现 有 措 施
5	处理所发现的异常情况	调度自动化系统设备	（1）定检人员负责做好工作期间的记录，负责处理工作期间发现的系统或设备异常情况。 （2）及时处理发现的异常情况，不能处理的尽快汇报工作负责人组织处理或申请技术支持；一般缺陷向班组负责人汇报，重大缺陷向中心分管领导汇报，影响电网监控的及时通知调度员。 （3）当系统发生故障时，根据故障情况及时启动《调度自动化系统故障现场处置方案》

2.5 调度显示大屏设备维护

自动化专业核心业务控制措施单 5			核心任务：调度显示大屏设备维护
序号	任务步骤	风险暴露信息（人员/设备/电网/环境）	现 有 措 施
1	核实具备开工条件	调度显示大屏设备	（1）严格执行主站操作单制度，按规定进行工作许可，并交代现场危险点及控制措施。 （2）严格执行监护制度
2	对调度大屏显示情况进行检查	自动化维护人员1人	现场工作，严格执行两票制度；按要求佩戴安全防护用品，正确使用工器具；严格执行监护制度
3	处理所发现的异常情况	调度显示大屏设备	（1）值班人员负责做好值班期间各相关规定的记录；负责处理正常工作时间以外的系统相关工作和系统异常情况。

续表

自动化专业核心业务控制措施单 5			核心任务：调度显示大屏设备维护
序号	任务步骤	风险暴露信息（人员/设备/电网/环境）	现 有 措 施
3	处理所发现的异常情况	调度显示大屏设备	（2）及时处理发现的异常情况，不能处理的尽快汇报组长组织处理或申请技术支持；一般缺陷向班组负责人汇报，重大缺陷向中心分管领导汇报，影响电网监控的及时通知调控员。 （3）当系统发生故障时，根据故障情况及时启动《调度自动化系统故障现场处置方案》
4	记录并汇报	调度显示大屏设备	（1）处理完毕后做好记录，汇报调控员及相关人员。 （2）办理主站操作单终结手续。 （3）在安全学习日进行阶段性工作总结，并对典型故障处理进行分析讨论

3 主网调度控制

3.1 电网故障及异常处理

主网调度控制专业核心业务控制措施单 1			核心任务：电网故障及异常处理			
序号	任务步骤	风险暴露信息（人员/设备/电网）	现有措施	可能出现的问题	所需核实项目	备注
1	故障基本信息收集：弄清保护动作情况，判断故障类型，查看电网当前状态，确认故障及异常影响范围，进行故障及异常初始信息传递	人员、设备、电网	（1）准确记录各方故障及异常汇报信息。（2）OCS系统信息调用、查看掌握电网运行状态，根据故障现象正确判断故障及异常发生性质及其影响范围。（3）按照《大面积停电事件应急预案》《生产运行与客户服务停电信息传递指导意见（试行）》进行信息传递，涉及用户停电的按照《停电信息传递讨论会议纪要》及时发送短信到相关群组。（4）通知人员到达相应厂站，及时将电网运行情况、影响通知所涉及相关调度机构及用户	群众、用户等非系统人员直接电话报送故障，或因天气原因影响，可能报送得不是很清楚	（1）核实具体故障内容，如断线、起火等。（2）核实具体故障地点信息，如故障地点、线路名称、杆号等。（3）核实报送人联系电话（非系统），通知相关专业人员核实情况	配网调控组、各县调、服务调度、输电管理所、变电管理所等核实故障情况
				故障初步信息汇报，可能只有跳闸或异常信息，无相关保护报文	（1）要求现场尽快核实保护装置动作情况，有无明显异常，如响声、火光、烟雾等。（2）若为无人站，联系巡维中心负责人核实是否存在明显的响声、火光、烟雾等	运用OCS系统、保信系统，快速查找相关报文，形成故障初步判断

主网调度控制专业核心业务控制措施单1		核心任务：电网故障及异常处理				
序号	任务步骤	风险暴露信息（人员/设备/电网）	现有措施	可能出现的问题	所需核实项目	备注
1	故障基本信息收集：弄清保护动作情况，判断故障类型，查看电网当前状态，确认故障及异常影响范围，进行故障及异常初始信息传递	人员、设备、电网		故障基本信息汇报不准确，故障信息可能是各个故障点的信息，或同一个故障不同厂站的信息	（1）核实各侧故障设备、保护及安自装置动作情况，并判断是否正确。（2）线路保护若两侧或两侧及以上配置保护的，核实各侧保护及重合闸、BZT动作是否配合，是否满足定值单要求，如光差保护、两侧（三侧）均应动作、Ⅲ段以上保护闭锁重合闸等。（3）站内设备应注意核实是本设备保护动作还是越级保护动作，对其他相连设备运行是否有影响，如线路保护与主变后备保护的配合、差动保护与后备保护动作断路器不一致等	调控员要综合各故障点的信息综合判断，必要时联系班组长或请专业人员帮助分析
				故障设备及故障范围分析不准确	核实故障具体设备及所处状态对相邻设备是否存在影响，现有的保护及安自装置运行方式是否满足运行条件	考虑如何有效隔离故障设备

主网调度控制专业核心业务控制措施单1		核心任务：电网故障及异常处理				
序号	任务步骤	风险暴露信息（人员/设备/电网）	现有措施	可能出现的问题	所需核实项目	备注
1	故障基本信息收集：弄清保护动作情况，判断故障类型，查看电网当前状态，确认故障及异常影响范围，进行故障及异常初始信息传递	人员、设备、电网		故障设备及故障范围分析不准确	是否为共调电厂设备，若是，则汇报中调，同时要求电厂侧写分析报告提交地调运行方式、保护、主网调控	按中调要求办理，避免违反调度纪律
				故障发生后改变了电网运行方式，改变了电网潮流大小或方向	若自动装置动作，核实动作是否正确，是否改变了正常运行方式。 （1）如110kV BZT动作，改变了110kV变电站的运行方式，同时可能产生单线单变的运行方式，类似情况还需要核实该站负荷是否过载，线路是否过载，BZT相应联切功能需核实。 （2）涉及其他电网供电的，需与相应地调核实对侧运行是否正常，潮流是否有要求。 （3）造成小电解列的，需与电厂核实机组是否解列，设备有无故障及检查情况。	注意电网运行方式，实时负荷调整

续表

主网调度控制专业核心业务控制措施单1		核心任务：电网故障及异常处理			
序号	任务步骤	风险暴露信息（人员/设备/电网）	现有措施	可能出现的问题	所需核实项目	备注
1	故障基本信息收集：弄清保护动作情况，判断故障类型，查看电网当前状态，确认故障及异常影响范围，进行故障及异常初始信息传递	人员、设备、电网		故障发生后改变了电网运行方式，改变了电网潮流大小或方向	（4）涉及用户设备的，需与用户核实用户侧设备运行情况，有无明显故障点。（5）涉及上级调度的设备，应及时将电网实时运行情况通报到位。（6）若属220kV变电站主变跳闸或电站主变跳闸，需落实清楚主变中性点接地是否满足电网运行要求；运行主变"N−1"后，是否出现过负荷运行	注意电网运行方式，实时负荷调整
				信息传递遗漏营销系统	（1）按照生产运行与客户服务停电信息传递的要求进行对用户、服务调度信息传递，初步传递相关信息包括故障设备、停电隔离范围，预计处理时间待检修人员到达现场后再确定。（2）涉及用户停电的线路，按照《停电信息传递讨论会议纪要》的要求，与现场运行人员、工作人员沟通预计复电时间，主动通知相关人员及用户群	

续表

主网调度控制专业核心业务控制措施单1			核心任务：电网故障及异常处理			
序号	任务步骤	风险暴露信息（人员/设备/电网）	现有措施	可能出现的问题	所需核实项目	备注
2	讨论确定故障及异常处理步骤，采取有效措施防止故障及异常范围扩大，进行相应倒闸操作	人员、设备、电网	（1）按照电网结构变化及时修编《主网电力故障现场处置方案》，做好日常演练，并按照《调度管理规程》原则进行故障及异常处理（兼顾山火、覆冰预案）。（2）故障及异常处理前值班负责人及其他调控员统一确定故障及异常处理思路；必要时与相关专业人员沟通确定。（3）严格执行监护制度，一人下令、一人监护；正确下达调度命令，指挥电网故障及异常处理，控制故障及异常范围，隔离故障设备，防止故障及异常进一步扩大。（4）倒闸操作前应核实设备、线路状态，具备停送电操作条件，严防误操作。	对于线路跳闸的情况，是否具备强送条件判断不准确	（1）涉及县调管辖线路，与县调核实是否有影响线路强送电的因素。（2）涉及局管辖线路，与输电管理所核实是否有影响线路强送电的因素。（3）有人值守变电站，快速检查跳闸线路一次、二次设备是否正常。（4）无人值守变电站，联系巡维中心值班负责人核实是否存在明显的响声、火光、烟雾等影响线路强送电的情况	强送前，调控员还要结合保护动作情况及实时潮流情况综合判定是否强送
				停电设备、停电范围、设备状态不满足故障处理要求	（1）在综合故障信息后，调控员拟定事故处理思路，完善操作步骤，与现场人员再次核实需要停电的设备有哪些，一次、二次设备状态要求，以及停电范围能否有效隔离故障设备等。	

主网调度控制专业核心业务控制措施单1			核心任务：电网故障及异常处理			
序号	任务步骤	风险暴露信息（人员/设备/电网）	现有措施	可能出现的问题	所需核实项目	备注
2	讨论确定故障及异常处理步骤，采取有效措施防止故障及异常范围扩大，进行相应倒闸操作	人员、设备、电网	（5）涉及遥控操作的，当值调控员需核对《远方监视、控制设备清单》，确认需要操作的设备是否可以进行远方遥控操作；远方遥控操作时严格执行监护制度，一人操作、一人监护；若不能远方遥控操作，及时通知巡维中心人员到站。（6）采取措施保证电网安全和重点地区、重要负荷的电力供应；指挥电网操作，有效隔离故障，恢复电网供电方式，使其尽快恢复正常	停电设备、停电范围、设备状态不满足故障处理要求	（2）若考虑远方倒供电操作，有人值守站需要通知现场运行人员调度将进行远方操作，无人值守站在人员到站后及时通知哪些设备带电	
				操作设备结构掌握有误	操作前通过OCS系统或者与现场核实设备结构，便于正确合理使用调度操作术语，重点关注三把刀闸和单侧有刀闸的情况	
				操作人员对调度操作指令不清楚	（1）提前与操作人员进行沟通，包括操作目的、操作任务、操作步骤，询问操作人员是否明白操作内容，是否有异议；同时需要说明只是沟通，待正式下令后现场才能操作。（2）正式操作前需再次与运行人员沟通；下令前说明"我正式下令给你操作"	调度、现场共同把关调度操作指令的正确性

续表

主网调度控制专业核心业务控制措施单1		核心任务：电网故障及异常处理			
序号	任务步骤	风险暴露信息（人员/设备/电网）	现有措施	可能出现的问题	所需核实项目	备注
2	讨论确定故障及异常处理步骤，采取有效措施防止故障及异常范围扩大，进行相应倒闸操作	人员、设备、电网		对不具备远方遥控条件的设备进行远方操作	（1）若站内有运行人员，操作前必须通知站内人员，避免人员误碰带电设备或者不熟悉设备带电范围。（2）远方遥控操作前，务必核对《远方监视、控制设备清单》，对于不具备遥控操作条件的设备，原则上不得进行远方操作。（3）涉及需要进行远方同期操作时，务必核对《远方监视、控制设备清单》，必要时与自动化、运行方式专业人员确证该断路器可以进行远方同期操作	
3	通知相关部门进行设备抢修	人员、设备、电网	（1）通知相关单位进行故障及异常抢修。（2）跟踪故障设备检查抢修情况。（3）做好故障及异常特殊方式危险点分析，做好应急准备和故障及异常预想	停复电联系人（或间接许可人）不掌握停电设备状态及范围	（1）站内工作，停电操作完毕后，与停复电联系人再次核对停电设备状态及停电范围，核实停电设备状态及停电范围已经满足故障处理工作要求。（2）线路工作，停电操作完毕后，与间接许可人再次核对停电设备状态及停电范围已经满足工作要求	调度、现场共同把关停电操作范围的正确性

续表

主网调度控制专业核心业务控制措施单1			核心任务：电网故障及异常处理			
序号	任务步骤	风险暴露信息（人员/设备/电网）	现有措施	可能出现的问题	所需核实项目	备注
3	通知相关部门进行设备抢修	人员、设备、电网		因设备故障跳闸或处理造成的运行方式变化是否需要在设备复电时调整为正常运行方式判断不准确	（1）与现场做好沟通，了解保护及安全自动装置运行状态是否与调整后的运行方式相匹配，询问操作人员是否明白操作内容，是否有异议。（2）电网潮流是否满足运行方式调整的要求。（3）涉及110kV变电站合环操作的，不能出现电磁环网的合环。（4）复电操作前及时通知用户、服务调度	
				存在配合工作范围重叠	（1）若多个抢修工作之间或者抢修工作与正常检修工作之间工作范围有重叠的，向停复电联系人（或许可人）讲明工作范围有重叠的情况，要求各许可人做好沟通工作。（2）线路工作中有多个抢修工作时，需要与设备运维单位做好沟通，要求指定唯一总负责人，询问各级间接许可人的许可时间及联系人，并做好记录	

续表

	主网调度控制专业核心业务控制措施单1		核心任务：电网故障及异常处理			
序号	任务步骤	风险暴露信息(人员/设备/电网)	现有措施	可能出现的问题	所需核实项目	备注
3	通知相关部门进行设备抢修	人员、设备、电网		与用户、服务调度信息传递错误	待运行人员检查设备后，确定处置所需时间，加上现场操作时间、调度操作时间，预估判断实际复电时间，留有一定裕度后形成初步预估复电时间，通知服务调度，被动通知用户	
4	整理故障及异常相关记录		按照故障及异常处理时间顺序整理运行记录，统计停电时间、计算电量损失，统计负荷损失比例			
5	故障及异常处理总结分析		（1）当班调控员根据故障及异常处理情况编写故障及异常处理分析总结，报班组管理人员。（2）相关专业班组配合进行分析总结，书面材料汇总报部门安监专责。（3）部门安监专责组织召开故障及异常分析会，编写故障及异常分析报告。（4）分析报告参照《中国南方电网有限责任公司系统运行异常事件管理业务指导书》			

3.2 交接班

主网调度控制专业核心业务控制措施单 2		核心任务：交接班	
序号	任务步骤	风险暴露信息（人员/设备/电网/环境）	现 有 措 施
1	交班准备工作	人员、设备、电网	（1）交班前 15min 由值班负责人准备：①核对当值调度生产信息；②核对监控系统信息；③梳理工作，整理交接班内容；④整理值班资料、办公用品；⑤完成交接班日志；⑥打扫大厅卫生。 （2）经正、副值调控员再次复核确认交接班日志填写无误后，书面打印，准备交接班。 （3）调控员提前开展交接班巡视
2	接班准备工作	人员、设备、电网	（1）按正常交接班时间提前 15min 进入调度厅。 （2）熟悉当前电网运行方式，查看调度自动化系统各项监控数据。监控可视情况开展交接。 （3）根据交班人员所填写的交接班日志，熟悉上一班次运行操作情况以及本班将要面临的运行操作情况，查看上一班调度日志、接地线管理、异常信号记录表等各项记录。 （4）待熟悉完毕具备接班条件后准备接班
3	交接班过程	人员、设备、电网	（1）交班调控员停止手上任何工作，开始进行总体交接班，期间有电话进来，由交班副值接听，并告知对方正在交接班，稍后打来（故障及异常和紧急缺陷除外）；各分区调控员继续执行监控业务。 （2）由值班负责人持交接班日志向接班调控员进行以下内容的交代：

主网调度控制专业核心业务控制措施单 2			核心任务：交接班
序号	任务步骤	风险暴露信息（人员/设备/电网/环境）	现 有 措 施
3	交接班过程	人员、设备、电网	1）当前系统运行方式。 2）电力电量平衡情况。 3）电网运行风险及控制措施。 4）电网故障及异常，设备缺陷及处理情况。 5）检修工作执行情况及遗留工作。 6）新设备投运情况。 7）异常信号情况。 8）通信、远动、上级部门、领导指示、保供电等其他情况。 9）调度厅内设施及办公用品情况。 （3）交班其他调控员对值班负责人交班内容进行补充。 （4）交班调控员对接班调控员提出的问题进行解释和说明。 （5）双方调控员对交接班情况均无异议后，在交接班日志上签名，接班调控员上岗，交班副值离岗，交班值班负责人继续监护值班 15min 后离岗。 （6）交接班期间，交班、接班人员均需严肃认真对待，做好交接班期间的录音工作，确保交班无遗留、接班无疑问
4	接班调控员进入当班角色	人员、设备、电网	（1）值班负责人完成 OMS 系统上的交接班流程。 （2）值班负责人与其他调控员进行沟通，完成本班次电网运行操作危险点分析，结合电网当前薄弱环节进行故障及异常预想，并制定初步应对措施

3.3 电网正常操作

主网调度控制专业核心业务控制措施单3			核心任务：电网正常操作			
序号	任务步骤	风险暴露信息（人员/设备/电网）	现有措施	可能出现的情况	所需核实项目	备注
1	预告操作	人员、设备、电网	（1）查阅检修申请，掌握检修内容、停电范围、工作要求，并注意该申请是否有安全措施要求、配合停电及其他安全注意事项。（2）考虑检修方式安排是否满足电网安全约束。（3）查阅、熟悉与该申请相关联的新设备投运申请、保护定值通知单。（4）由当值调控员进行操作预告发布，向停复电联系人（许可人）明确操作时间、停电设备、申请单编号，同时告知如需沟通操作步骤，请联系当值调控员。（5）同时通知涉及停电的配调、县调及用户，提前做好电网操作安排。	出现新的停复电联系人（或许可人）	核实停复电联系人（或许可人）是否具备调度受令资格	
				同一时间有多个停电设备	按照调度优化操作的原则，根据实际情况明确多个停电设备的操作先后顺序，并与停复电联系人（或许可人）做好沟通	
				同一巡维班组同一时间多个点操作	按照调度优化操作的原则，根据实际情况与巡维中心负责人核实清楚人员到达各个点的顺序，从而明确操作顺序	
				由多个单位配合操作	认真梳理全部操作，说明整个操作目的，重点说明各自所负责的操作内容，核实各负责人是否已明白所负责的操作内容	

续表

主网调度控制专业核心业务控制措施单 3		核心任务：电网正常操作			
序号	任务步骤	风险暴露信息（人员/设备/电网）	现有措施	可能出现的情况	所需核实项目	备注
1	预告操作	人员、设备、电网	（6）在检修申请"备注"栏填写预告相关信息	预告接令人为施工单位人员	施工单位人员不了解调控一体化相关业务变化，预告工作时告知，到达工作现场及时与调控员联系，待正式下令后才可操作	
				申请批复有误或填报有误	（1）预告检修申请时发现申请批复有误，及时联系调控组班组长、相关专业人员或分管领导，确认检修申请是否确实批复有误，是否需要流转相关专业进行批复。（2）预告检修申请时发现申请填报有误，及时联系调控组班组长、相关签发专业人员，确认检修申请是否确实填报有误，是否需要修改或作废	
2	操作前准备：协调工作顺序、填写调度操作指令票、调度操作指令记录	人员、设备、电网	（1）掌握电网当前运行方式，当班值班负责人总体安排、协调，优化操作顺序；通报工作关键点、危险点。			

26

续表

主网调度控制专业核心业务控制措施单3		核心任务：电网正常操作				
序号	任务步骤	风险暴露信息（人员/设备/电网）	现有措施	可能出现的情况	所需核实项目	备注
2	操作前准备：协调工作顺序、填写调度操作指令票、调度操作指令记录	人员、设备、电网	（2）由当班副值调控员在正值调控员的指导下，根据操作安排、检修申请、交接班记录、运行记录，并严格执行"三对照"（对照操作任务和运行方式、对照调度OCS系统主接线图、对照检查设备名称和编号）等进行填写。（3）正、副值调控员（调度）均要考虑该项操作继电保护和安全自动装置运行状态是否协调配合，是否需要改变。（4）当班副值调控员填写操作票时要核实该线路上各操作点的设备运行状态，线路有无"T"接，变压器中性点接地方式等是否符合规定。（5）操作前需识别该项操作所涉及设备是否为上级调度管辖或许可设备，若是，			

续表

主网调度控制专业核心业务控制措施单3		核心任务：电网正常操作				
序号	任务步骤	风险暴露信息（人员/设备/电网）	现有措施	可能出现的情况	所需核实项目	备注
2	操作前准备：协调工作顺序、填写调度操作指令票、调度操作指令记录	人员、设备、电网	须征得上级调度的同意。 （6）当班副值调控员完成操作关注及控制重点分析。 （7）充分考虑是否需要远方遥控操作，若需要远方遥控操作及时核对《远方监视、控制设备清单》，确认相关设备是否可以遥控操作。 （8）当班副值调控员填写调度操作指令票或指令记录，填写完毕核对指令内容满足操作任务及目的要求后执行调度命令票"三审"制度，三级审核均需重点关注操作步骤是否能满足操作需要达到的目的和要求。 （9）充分考虑操作对电网运行造成的影响，并确认各项准备工作完毕			

主网调度控制专业核心业务控制措施单 3		核心任务：电网正常操作			
序号	任务步骤	风险暴露信息(人员/设备/电网)	现有措施	可能出现的情况	所需核实项目	备注
3	下达操作指令及开工	人员、设备、电网	（1）下达调度指令前，检查该操作是否为全站停电。若是，进行"全站停电检修"挂牌操作，并通知自动化值班人员，同时注意提醒站用电的管控。（2）下达调度指令时，正、副值调控员（调度）应相互配合，严格执行监护复诵制度，一人下令、一人监护，监护人停止手上工作，进行下令全过程监护。（3）正式下令前需向调控员（监控）通报即将进行的操作，同时向现场接令人简要说明操作目的、操作任务、操作步骤及注意事项，得到对方确认，条件满足后进入正式下令环节；在进行遥控操作期间，分区监控员需注意设备操作期间的异常信号。（4）根据调度操作指令票逐项下令操作，不得跳项、	停电设备、停电范围、设备状态不满足工作要求	（1）结合申请中的要求，调控员拟定操作思路，完善操作步骤，与现场人员再次核实，执行该申请，需要停电的设备有哪些，一次、二次设备状态要求，停电范围能否满足工作要求。（2）对于光差保护，是否只涉及某一侧的保护装置检修，注意退出各侧保护	
				停复电联系人不清楚调控一体化业务流程变化	调控员接到人员到站信息后，要求停复电联系人及时联系调控员，并告知现场操作待调控员下令后方可进行	避免造成施工单位人员不理解下令和业务联系的区别
				对不具备远方遥控条件的设备进行远方操作	（1）若站内有运行人员，操作前必须通知站内人员，避免人员误碰带电设备或者不熟悉设备带电范围。（2）远方遥控操作前，务必核对《远方监视、控制	

主网调度控制专业核心业务控制措施单3			核心任务：电网正常操作			
序号	任务步骤	风险暴露信息（人员/设备/电网）	现有措施	可能出现的情况	所需核实项目	备注
3	下达操作指令及开工	人员、设备、电网	漏项或擅自更改操作顺序，填写检修申请"下令"栏上内容 （5）操作过程中充分利用调度自动化系统有关遥测、遥信等信息监视操作的正确性。 （6）涉及远方遥控操作的设备，操作前再次核对《远方监视、控制设备清单》，确认设备具备遥控操作条件，操作完后及时要求现场运行人员检查，并注意是否因操作产生异常信号。 （7）凡涉及调度下令操作的安全措施，必须及时准确地录入OMS"接地线管理记录"内（下令后立即填写安全措施装设记录）。 （8）通知调控员（监控）在调度自动化系统上进行相应挂牌操作。 （9）由于设备缺陷和故障需要临时改变预先既定的操	对不具备远方遥控条件的设备进行远方操作	设备清单》，对于不具备遥控操作条件的设备，原则上不得进行远方操作。 （3）涉及需要进行远方同期操作时，务必核对《远方监视、控制设备清单》，必要时与自动化、运行方式专业人员确证该断路器可以进行远方同期操作	
				停复电联系人（或许可人）不掌握停电范围	（1）站内工作，停电操作完毕后，与停复电联系人（或间接许可人）再次核对停电设备状态及停电范围，核实停电设备状态及停电范围已经满足故障处理工作要求。 （2）线路工作，停电操作完毕后，与停复电联系人（或间接许可人）再次核对停电设备状态及停电范围已经满足要求	调度、现场共同把关停电操作范围的正确性

续表

主网调度控制专业核心业务控制措施单3				核心任务：电网正常操作		
序号	任务步骤	风险暴露信息（人员/设备/电网）	现有措施	可能出现的情况	所需核实项目	备注
3	下达操作指令及开工	人员、设备、电网	作方案的，正值调控员主持进行实时运行操作风险分析，必要时寻求相关专业人员技术支持，重新填写操作票；对于已经在执行的调度命令，与现场确认是否可以继续执行。 （10）操作完毕后，正值调控员（调度）全面审查一遍调度操作指令票或操作指令记录及运行日志，以防遗漏，调度操作指令票打印、盖章后存档。 （11）线路工作与间接许可人核实检修申请单编号及工作内容后，许可工作；站内工作向停复电联系人询问开工时间，填写检修申请上"停电"和"开工"栏内容，同时通知停复电联系人或间接许可人要求完工前半小时通知地调。 （12）对特殊运行方式下的电网风险通报相关单位进行管控	核对工作内容是否一致	（1）核对工作内容是否与申请处理故障内容一致。 （2）对部分未开展或增加的工作进行仔细核对，核实对复电操作是否有影响。 （3）若多个工作配合，一部分工作完工，另一部分工作继续开展且不影响设备复电的情况，需要与停复电联系人（或许可人）核实清楚需要复电的设备对继续开展的工作无影响，可以保证现场工作人员的安全	（1）工作过程中临时发现问题，增加或减少处理工作。 （2）部分工作继续开展但对复电没有影响的情况
				线路工作现场未申请工作许可	线路工作许可必须现场申请工作开工，与间接许可人确认目前设备状态、停电范围满足实际工作要求	
				存在配合工作范围重叠	（1）若多个计划工作之间或者计划工作与异常处置等工作之间的工作范围有重叠，应向停复电联系人（或间接许可人）讲明工作范围有重叠的情	

31

续表

主网调度控制专业核心业务控制措施单 3		核心任务：电网正常操作			
序号	任务步骤	风险暴露信息（人员/设备/电网）	现有措施	可能出现的情况	所需核实项目	备注
3	下达操作指令及开工	人员、设备、电网		存在配合工作范围重叠	况，要求各个间接许可人或现场许可人做好沟通工作。（2）线路工作中，多个配合工作需要与设备运维单位做好沟通，要求指定唯一总负责人。询问各级间接许可人的许可时间及联系人，并做好记录	
4	复电准备	人员、设备、电网	（1）值班调控员根据设备相关检修工作的完工情况和复电安排，提前通知运行值班人员复电操作准备。（2）操作前向现场简要说明操作目的、操作任务、操作步骤及注意事项，得到对方确认，现场如有疑问，应立即与值班调控员沟通并协调解决			
5	完工核实	人员、设备、电网	（1）确认检修设备或线路所有工作完毕（包括配合检修申请）。（2）与检修设备或线路上所有下级许可人确认所有工	在原有工作基础上增加工作	增加工作，需与现场核实现有停电设备、设备状态、停电范围是否满足增加工作的需要，增加工作的内容是否满足《电网调度	

主网调度控制专业核心业务控制措施单 **3**		核心任务：电网正常操作			
序号	任务步骤	风险暴露信息（人员/设备/电网）	现有措施	可能出现的情况	所需核实项目	备注
5	完工核实	人员、设备、电网	作完工、现场安全措施全部拆除，人员全部撤离，工作面具备复电条件。 （3）确认检修线路状态为许可工作前交付的状态；站内设备除调度下令安全措施外均处冷备用。 （4）与相关调度或用户确认检修设备具备复电条件。 （5）确认属上级调度管辖或许可设备，复电前需经上级调度批准。 （6）属新设备投运工作，查看投运申请和投运方案是否完备。 （7）按地调保护组通知的保护定值单与现场核对并进行流转。 （8）填写检修申请"完工"栏内容。 （9）对其他值班人员已经接报的相关配合申请完工情况进行再次核实	在原有工作基础上增加工作	管理规程》中口头申请管理规定的要求；涉及地调管辖、许可设备事故抢修及紧急缺陷处理，是否满足《电网调度管理规程》中涉及地调管辖、许可设备事故抢修及紧急缺陷处理管理规定的	
				涉及取消全部或部分工作	（1）涉及取消全部或部分检修申请中工作内容的，需与现场核实工作取消原因，取消的工作对现运行设备状态是否有影响，电网运行方式是否需要调整，并与运行方式组联系。 （2）申请内工作全部取消的还应与运行方式组确定申请流转程序	
				不能按时完工	（1）若不能在检修申请规定工期内完工，停复电联系人（或间接许可人）向调控员申请工作延期，注意核实清楚	

续表

主网调度控制专业核心业务控制措施单3			核心任务：电网正常操作			
序号	任务步骤	风险暴露信息（人员/设备/电网）	现有措施	可能出现的情况	所需核实项目	备注
5	完工核实	人员、设备、电网		不能按时完工	延期原因、延期完工时间，对后续工作是否有影响。 （2）填写相关记录表格及申请延期项目栏。①不超过当日24：00的延期由调控员决定是否同意延期。②超过当日24：00的延期，由专业组决定是否同意延期；③确定延期后，涉及其他调度机构或用户的，应及时传递停送电信息	
				工作检修申请单编号、工作内容不一致	（1）核对检修申请单编号、工作内容是否与申请处理故障内容一致。 （2）对部分未开展或增加的工作进行仔细核对，核实对复电操作是否有影响。 （3）若多个工作配合，一部分工作完工，另一部分工作继续开展且不影响设备复电的情况，需与停复电联系人（或间接许可人）核实清楚需要复电的设备对继	（1）工作过程中临时发现问题，增加或减少处理工作。 （2）部分工作继续开展但对复电没有影响的情况

主网调度控制专业核心业务控制措施单3			核心任务：电网正常操作			
序号	任务步骤	风险暴露信息（人员/设备/电网）	现有措施	可能出现的情况	所需核实项目	备注
5	完工核实	人员、设备、电网			续开展的工作无影响，可以保证现场工作人员安全	
				未明确工作断面情况	核实相关工作完毕，现场人员已全部撤离，安全措施已全部拆除，工作断面已具备送电条件	
				存在线路搭头但不投运的工作	核实搭接设备必须与电网有明显的断开点，未列入投运的新搭接设备不得带电	
				工作完毕有投运的工作	（1）与新设备投产联系人核实新设备验收情况，投运新设备是否处于冷备用状态。（2）与验收负责人核对验收情况，有多方验收的须要求总验收人员进行总体验收汇报，不进行分项验收汇报。（3）投运完毕，核实新设备运行情况，核实电压、相序、CT极性等是否正确	调控员要提前熟悉投运方案，发现疑问及时与现场、各专业人员沟通

主网调度控制专业核心业务控制措施单3			核心任务：电网正常操作			
序号	任务步骤	风险暴露信息（人员/设备/电网）	现有措施	可能出现的情况	所需核实项目	备注
5	完工核实	人员、设备、电网		存在配合工作范围重叠	若多个配合工作之间或者抢修工作与正常检修工作之间的工作范围有重叠，应向间接许可人讲明工作范围有重叠的情况，要求各个许可人做好沟通工作	
6	填写调度运行日志、复电调度操作指令票或操作指令记录	人员、设备、电网	（1）掌握电网当前运行方式，当班正值调控员总体安排、协调，优化操作顺序；通报工作关键点、危险点。（2）由当班副值调控员在正值调控员的指导下，根据操作安排、检修申请、交接班记录、运行记录，并严格执行"三对照"（对照操作任务和运行方式、对照调度OCS系统主接线图、对照检查设备名称和编号）等进行填写。	工作结束或复电完毕后涉及运行方式变更	（1）与现场做好沟通，了解保护及安自装置运行状态是否与调整后的运行方式相匹配，询问操作人员是否明白操作内容，是否有异议。（2）电网潮流是否满足运行方式调整的要求。（3）涉及110kV变电站合环操作的，考虑220kV部分电磁环网是否满足操作要求	
				对不具备远方遥控条件的设备进行远方操作	（1）若站内有运行人员，操作前必须通知站内人员，避免人员误碰带电设备或者不熟悉设备带电范围。	

续表

主网调度控制专业核心业务控制措施单3		核心任务：电网正常操作			
序号	任务步骤	风险暴露信息（人员/设备/电网）	现有措施	可能出现的情况	所需核实项目	备注
6	填写调度运行日志、复电调度操作指令票或操作指令记录	人员、设备、电网	（3）正、副值调控员均要考虑该项操作继电保护和安全自动装置运行状态是否协调配合，是否需要改变。 （4）当班副值调控员填写操作票时要核实该线路上各操作点的设备运行状态，线路有无"T"接，变压器中性点接地方式等是否符合规定。 （5）操作前需识别该项操作所涉及设备是否为上级调度管辖或许可设备，若是，须征得上级调度的同意。 （6）当班副值调控员（调度）完成操作关注及控制重点分析。 （7）充分考虑是否需要远方遥控操作，若需要远方遥控操作及时核对《远方监视、控制设备清单》，确认相关设备是否可以遥控操作。	对不具备远方遥控条件的设备进行远方操作	（2）远方遥控操作前，务必确认相关设备能否遥控操作，对于不具备遥控操作条件的设备，原则上不得进行远方操作。 （3）涉及需要进行远方同期操作时，务必确认相关设备能否遥控操作，同时与自动化、运行方式专业人员确认该断路器可以进行远方同期操作	

37

主网调度控制专业核心业务控制措施单3		核心任务：电网正常操作			
序号	任务步骤	风险暴露信息（人员/设备/电网）	现有措施	可能出现的情况	所需核实项目	备注
6	填写调度运行日志、复电调度操作指令票或操作指令记录	人员、设备、电网	（8）当班副值调控员填写调度操作指令票或指令记录，填写完毕核对指令内容满足操作任务及目的要求后执行调度命令票"三审"制度，三级审核均需重点关注操作步骤是否能满足操作需要达到的目的和要求。 （9）充分考虑操作对电网运行造成的影响，并确认各项准备工作完毕			
7	下达复电操作指令		（1）核实SCADA系统设备状态、接地开关（接地线）与现场实际相符。 （2）下达调度指令时，正、副值调控员应相互配合，严格执行监护复诵制度，一人下令、一人监护，监护人停止手上工作，进行下令全过程监护。	停复电联系人不清楚调控一体化业务流程变化	调控员接到人员到站信息后，要求停复电联系人及时联系调控员，并告知现场操作待调控员下令后方可进行	

主网调度控制专业核心业务控制措施单3		核心任务：电网正常操作			
序号	任务步骤	风险暴露信息（人员/设备/电网）	现有措施	可能出现的情况	所需核实项目	备注
7	下达复电操作指令		（3）正式下令前需向调控员通报即将进行的操作，同时向现场接令人简要说明操作目的、操作任务、操作步骤及注意事项，得到对方确认，条件满足后进入正式下令环节；在进行遥控操作期间，调控员需注意设备操作期间的异常信号。 （4）根据调度操作指令票逐项下令操作，不得跳项、漏项或擅自更改操作顺序，填写检修申请"下令"栏内容。 （5）操作过程中充分利用调度自动化系统有关遥测、遥信等信息监视操作的正确性。 （6）涉及远方遥控操作的设备，操作前再次确认相关设备具备遥控操作条件，操作完后及时要求现场运行人员检查，并注意是否因操作产生异常信号。	对不具备远方遥控条件的设备进行远方操作	（1）若站内有运行人员，操作前必须通知站内人员，避免人员误碰带电设备或者不熟悉设备带电范围。 （2）远方遥控操作前，务必确认相关设备能否遥控操作，对于不具备遥控操作条件的设备，原则上不得进行远方操作。 （3）涉及需要进行远方同期操作时，务必确认相关设备能否遥控操作，同时与自动化、运行方式专业人员确证该断路器可以进行远方同期操作	

主网调度控制专业核心业务控制措施单3		核心任务：电网正常操作			
序号	任务步骤	风险暴露信息（人员/设备/电网）	现有措施	可能出现的情况	所需核实项目	备注
7	下达复电操作指令		（7）凡涉及调度下令操作的安全措施，必须及时准确地录入"接地线管理记录"系统内（回令后立即填写安全措施拆除记录）。 （8）通知调控员在调度自动化系统上进行相应摘牌操作，拆除"全站停电检修"牌时，应及时通知自动化值班人员。 （9）由于设备缺陷和故障需要临时改变预先既定的操作方案的，正值调控员主持进行实时运行操作风险分析，必要时寻求相关专业人员技术支持，重新填写操作票；对于已经在执行的调度命令，与现场确认是否可以继续执行。 （10）操作完毕后，正值调控员全面审查一遍调度操作指令票或操作指令记录及运行日志，以防遗漏，调度操作指令票打印、盖章后存档。 （11）填写相关申请"复电"栏内容，终结相关申请			

3.4 新设备投产

主网调度控制专业核心业务控制措施单 4				核心任务：新设备投产	
序号	任务步骤	风险暴露信息（人员/设备/电网）	现有措施	可能出现的情况	所需核实项目	备注
1	申请开始投运	人员、设备、电网	（1）按照新设备投产申请单，在现场报完工后核对定值。 （2）调控员核对投产图纸。 （3）调控员结合操作情况，与自动化值班员沟通 OCS 系统图纸更名事宜。 （4）与新设备投产联系人核实待投设备状态。 （5）与新设备投产联系人、验收负责人核实待投设备是否验收合格且具备投运条件	保护定值单未提前核对	（1）检查申请中保护批复具体定值单编号，或定值单总数目；与现场核对保护定值单编号。 （2）及时在系统中流转定值单	
				OCS 系统图未提前核对	当值调控员就调度管辖、许可设备与检修申请中所附图纸进行核对，如果发现 OCS 系统一次接线图与实际图纸不符，及时联系自动化值班员	
				OCS 系统中相关设备名称未修改	按自动化要求，涉及名称变更，停电结束后后台更改相关数据库内容；投产前，调控员核实具备投产条件后通知自动化值班换更改一次接线图名称	

续表

主网调度控制专业核心业务控制措施单**4**		核心任务：新设备投产			
序号	任务步骤	风险暴露信息（人员/设备/电网）	现有措施	可能出现的情况	所需核实项目	备注
1	申请开始投运	人员、设备、电网		未与新设备投产联系人核实投运新设备状态	（1）核实投运工程相关工作完毕，现场人员已全部撤离，安全措施已全部拆除，工作断面已具备送电条件。核实所有投运新设备已处于冷备用状态。（2）新线路投运注意核实负责两侧及线路的新设备投产联系人（多个）	
				未与新设备投产联系人核实投运新设备验收情况	核实相关新设备已经验收合格，具备投运条件。若工程验收分为多部分进行，要求确定总验收负责人汇报验收情况	
				未与验收负责人核实投运新设备验收情况	核实相关新设备已经验收合格，具备投运条件。若有新设备投运启动委员会的投运工作，需要与投产负责人核实，启委会批准投运即可	

主网调度控制专业核心业务控制措施单4		核心任务：新设备投产			
序号	任务步骤	风险暴露信息（人员/设备/电网）	现有措施	可能出现的情况	所需核实项目	备注
2	投运开始	人员、设备、电网	（1）评估投产方案是否具备可执行性，是否存在问题，是否可以按照方案下令。（2）与新设备投产联系人核实现场投产方案与调度一致。（3）按照新设备投产申请单中投产方案进行投产	新设备投产联系人未持有投运方案，未提前熟悉投运方案	（1）与新设备投产联系人核实已持有投运方案，并与调控员持有一致。（2）提前与新设备投产联系人沟通投运操作步骤，询问操作人员是否明白操作内容，是否有异议。（3）某些情况下需要更改投产方案中的某些步骤，与新设备投产联系人、调度专业人员、分管领导沟通清楚后，再进行投产方案调整	调控员要提前熟悉投运方案，发现疑问及时与现场、各专业人员、分管领导沟通
3	投运间断	人员、设备、电网		投产需要间断	（1）投产过程中，新投设备出现故障，需要现场检查相关并处置后方可继续投产。（2）涉及220kV变电站腾空一段110kV母线进行投产的情况，如果因夜间时间较晚或人员疲惫引起投产间断，且新投设备未测CT极性，需向运行方式专业、分管领导请示是否需要将新投设备转热备用、腾空的一段110kV母线恢复正常运行方式	平衡操作风险与电网运行风险

续表

主网调度控制专业核心业务控制措施单4			核心任务：新设备投产			
序号	任务步骤	风险暴露信息（人员/设备/电网）	现有措施	可能出现的情况	所需核实项目	备注
4	投运完毕	人员、设备、电网		新投产设备运行不正常，参数不正确	投运完毕，核实新设备运行情况，核实电压相序、CT极性等是否正确	遗留问题填入交接班记录
				投产存在遗留问题	（1）将投产遗留问题记入交接班记录中，使所有调控员均掌握这一情况。（2）对于部分线路因无负荷无法测量CT极性的情况，记录清楚，带负荷前与现场运行人员落实CT极性测试情况；与保护专业确证是否需要投入重合闸	
5	监控业务移交	人员、设备、电网		未按规范、流程进行移交，导致误监控、漏监控事件发生	（1）新设备投运移交巡维班组后，设备监控业务方可移交调控中心。（2）新设备监控业务移交前应无影响设备运行的重大、紧急缺陷。（3）监控业务移交前现场运维人员应与当值调控员核对新设备遥测信息、遥信信息一致。	

续表

主网调度控制专业核心业务控制措施单 **4**		核心任务：新设备投产				
序号	任务步骤	风险暴露信息（人员/设备/电网）	现有措施	可能出现的情况	所需核实项目	备注
5	监控业务移交	人员、设备、电网			（4）监控业务移交前运维人员应填写相关的新设备投产远方监控业务移交信息，经当值调控员核对无误方可开始移交。 （5）监控业务移交结束后当值调控员应推送短信通知相关部门、人员，并按要求履行新设备监视、控制业务	

3.5　带电作业

主网调度控制专业核心业务控制措施单 **5**		核心任务：带电作业				
序号	任务步骤	风险暴露信息（人员/设备/电网）	现有措施	可能出现的情况	所需核实项目	备注
1	预通知	人员、设备、电网	（1）10kV带电作业按照相应检修申请，提前通知人员到站。 （2）110kV及以上电压等级带电作业以现场申请为准，不提前通知	忘记10kV线路带电作业需要提前一天预通知	按照"预计退出重合闸"时间通知相关变电站运行人员到站	

主网调度控制专业核心业务控制措施单5				核心任务：带电作业		
序号	任务步骤	风险暴露信息（人员/设备/电网）	现有措施	可能出现的情况	所需核实项目	备注
2	申请开展带电作业	人员、设备、电网		出现新的间接许可人或变电运行人员	核实间接许可人或变电运行人员是否具备调度受令资格	是否出现新的间接许可人或变电运行人员
				作业内容与生产计划不一致	（1）核对工作内容是否正确、是否属于带电作业、需要退出重合闸的线路名称、是否涉及中调或其他地调。（2）涉及中调或其他地调的，还应取得相关调度机构的许可	
				确证工作环境	与间接许可人核实现场环境条件是否满足带电作业要求。确证目前××线路附件天气及环境良好，满足开展带电作业的工作要求	确证工作环境
3	停电操作	人员、设备、电网	（1）不分电压等级，以许可人申请为依据，进行后续停电操作。（2）上级调度机构管辖的设备，向上级调度机构申请退出××线路各侧重合闸	运行人员对线路带电作业不清楚	（1）向运行人员说明线路进行带电作业，明确按照带电作业要求对线路重合闸进行操作，以及是否需要退出线路重合闸。	

主网调度控制专业核心业务控制措施单5		核心任务：带电作业			
序号	任务步骤	风险暴露信息（人员/设备/电网）	现有措施	可能出现的情况	所需核实项目	备注
3	停电操作	人员、设备、电网			（2）操作前注意，对于多侧配置保护及重合闸的线路，需将多侧全部退出后方可许可工作。（3）预通知的10kV线路带电作业，退出重合闸前务必得到现场申请后再操作，避免约时投退重合闸	
4	许可工作	人员、设备、电网	与许可人核实带电作业是否满足要求		（1）与间接许可人核实现场环境条件及设备条件是否满足带电作业要求。（2）涉及中调或其他地调的，还应取得相关调度机构的许可	
5	工作完工	人员、设备、电网	与许可人核实工作完成情况，确证重合闸是否具备投入条件		（1）与间接许可人核实工作完成情况，工作已全部结束，现场安全措施已全部拆除，人员已撤离，工作面已无任何遗留，××线路重合闸具备投入条件。（2）涉及中调或其他地调的，通知相关调度机构，协调重合闸操作事宜	

续表

主网调度控制专业核心业务控制措施单5		核心任务：带电作业			
序号	任务步骤	风险暴露信息（人员/设备/电网）	现有措施	可能出现的情况	所需核实项目	备注
6	复电操作	人员、设备、电网		运行人员对线路带电作业不清楚	（1）在投入重合闸时，向运行人员说明线路进行带电作业已经结束。（2）操作前注意，对于多侧配置保护及重合闸的线路，需将多侧全部投入	

3.6　设备运行监视

主网调度控制专业核心业务控制措施单6		核心任务：设备运行监视			
序号	任务步骤	风险暴露信息（人员/设备/电网）	现有措施	可能出现的情况	所需核实项目	备注
1	通过OCS系统正常监视运行设备	人员、设备、电网	（1）将设备监视分为全面监视、正常监视、特殊监视、交接班监视。将全面监视分为监控分区全面监视及值班负责人全面监视，监控分区全面监视时间为10：30、14：00、17：00、21：00、01：00、05：00，值班负			

主网调度控制专业核心业务控制措施单6		核心任务：设备运行监视			
序号	任务步骤	风险暴露信息（人员/设备/电网）	现有措施	可能出现的情况	所需核实项目	备注
1	通过OCS系统正常监视运行设备	人员、设备、电网	责人全面监视时间为13：00、19：00、03：00。 （2）全面监视严格按照时间节点开展。当值调控员（监控）对所有监视变电站进行全面的巡视检查。 （3）正常监视各监控分区对所有监视变电站设备事故、异常、遥测越限、断路器变位信息进行不间断监视。 （4）发生特殊监视启动条件时，监控负责人应组织相关分区调控员进行特殊监视，对无人值班站设备采取增加监视频度、定期查看相关数据、对相关设备或变电站进行固定画面监视等加强监视措施，并做好事故预想及各项应急准备工作。 （5）交接班时各分区调控员对上一值监控工作中发生的运行方式变化、缺陷、事故跳闸及异常信号等监视	值班人员脱离监控岗位	严肃值班纪律，值班期间因故离开工作岗位应汇报值班负责人，值班负责人做好该区设备监控的人员安排。夜班值班安排由值班负责人统一安排，夜班值班期间不得长时间离开调控大厅	

主网调度控制专业核心业务控制措施单6		核心任务：设备运行监视				
序号	任务步骤	风险暴露信息（人员/设备/电网）	现有措施	可能出现的情况	所需核实项目	备注
2	发现设备运行异常信息	人员、设备、电网	（1）准确记录故障及异常信息，及时通知巡维中心及同值调控员。 （2）根据OCS系统、保信系统查看掌握电网运行状态，查看具体故障信息并根据故障现象判断故障及异常发生性质及其影响范围。 （3）必要时将电网运行情况及影响通知所涉县调、配调及用户	未及时发现异常信号，对设备工况变化掌握不及时，导致异常工况处理不及时，可能造成局部停电或设备损坏	（1）严格按照时间节点开展设备全面监视、正常监视、特殊监视、交接班监视。 （2）正常监视各监控分区对所有监视变电站设备事故、异常、遥测越限、断路器变位信息进行不间断监视。 （3）发生特殊监视启动条件时，监控负责人应组织相关分区调控员进行特殊监视，对无人值班站设备采取增加监视频度、定期查阅相关数据、对相关设备或变电站进行固定画面监视等加强监视措施，并做好事故预想及各项应急准备工作。 （4）交接班时各分区调控员对上一值监控工作中发生的运行方式变化、缺陷、事故跳闸及异常信号等监视	

主网调度控制专业核心业务控制措施单6		核心任务：设备运行监视				
序号	任务步骤	风险暴露信息(人员/设备/电网)	现有措施	可能出现的情况	所需核实项目	备注
2	发现设备运行异常信息	人员、设备、电网		异常信号的处理不及时，可能造成局部停电或设备损坏	（1）根据OCS系统实时告警窗、历史信息查看窗口；保信系统查看掌握电网运行状态，查看具体故障信息并根据故障现象判断故障及异常发生性质及其影响范围。（2）按照《遥信信号核对时限要求》通知运行人员按时限要求到达相应厂站，并要求运行人员将一次、二次设备检查情况、异常信息对设备运行的影响等信息准确汇报。（3）督促运行人员对异常信号的进行处置，如上报缺陷、联系专业人员立即处理等。（4）需在OCS系统进行远方控制时，应查询《远方监视、控制设备清单》是否具备远方控制条件、是否可经OCS系统远方同期合闸；未开展遥控试验的设备，原则上不得在OCS系统进行远方控制操作。	

续表

主网调度控制专业核心业务控制措施单6		核心任务：设备运行监视				
序号	任务步骤	风险暴露信息（人员/设备/电网）	现有措施	可能出现的情况	所需核实项目	备注
2	发现设备运行异常信息	人员、设备、电网		异常信号的处理不及时，可能造成局部停电或设备损坏	（5）涉及需要进行远方同期操作时，务必核对《远方监视、控制设备清单》，同时与自动化、运行方式专业人员确证该断路器可以进行远方同期操作。（6）将异常信息情况进行记录，并及时闭环	
3	通知巡维中心/受控站运行人员到站检查	人员、设备、电网	（1）按照《遥信信号核对时限要求》通知运行人员按时限要求到达相应厂站，并要求运行人员将一次、二次设备检查情况、异常信息对设备运行的影响等信息准确汇报。（2）督促运行人员对异常信号的进行处置，如上报缺陷、联系专业人员立即处理等。（3）做好故障及异常特殊方式危险点分析，做好应急准备和故障及异常预想			

主网调度控制专业核心业务控制措施单6		核心任务：设备运行监视			
序号	任务步骤	风险暴露信息（人员/设备/电网）	现有措施	可能出现的情况	所需核实项目	备注
4	根据现场检查情况判断是否采取相关控制手段，如影响系统运行，做好设备紧急停运事故预想	人员、设备、电网	（1）按照电网结构变化及时修编《电网电力故障现场处置方案》，做好日常演练，并按照《电网调度管理规程》原则进行故障及异常处理。（2）故障及异常处理前正、副值调控员统一确定故障及异常处理思路；必要时与相关专业人员沟通确定。（3）严格执行监护制度，一人下令、一人监护；正确下达调度命令，指挥电网故障及异常处理，控制故障及异常范围，隔离故障设备，防止故障及异常进一步扩大。（4）需在OCS系统进行远方控制时，应查询《远方监视、控制设备清单》是否具备远方控制条件、是否可经OCS系统远方同期合闸；未开展遥控试验的设备，原则上不得在OCS系	变电站工作数据封锁导致误监控、漏监控事件发生	（1）数据封锁前运维人员需到站恢复值守。（2）当值调控员与现场运维人员完成监控业务移交后方可进行数据封锁。（3）数据封锁前当值调控员填写变电站监控业务移交巡维人员信息，数据解封后运维人员完善变电站监控业务移交巡维人员信息后移交调控中心	
				变电站通信中断导致误监控、漏监控事件发生	（1）变电站发生通信中断后，当值调控员检查确认后应立即联系自动化值班员检查处理，并通知运维人员立即到站恢复值守。	

续表

主网调度控制专业核心业务控制措施单6		核心任务：设备运行监视				
序号	任务步骤	风险暴露信息（人员/设备/电网）	现有措施	可能出现的情况	所需核实项目	备注
4	根据现场检查情况判断是否采取相关控制手段，如影响系统运行，做好设备紧急停运事故预想	人员、设备、电网	统进行远方控制操作，遥控操作时一人操作、一人监护。 （5）强送电前如接到变电站运行人员汇报有影响强送电的情况，应停止进行强送电操作		（2）当值调控员填写变电站监控业务移交巡维人员信息表，运维人员到站后进行监控业务移交。通信恢复后运维人员完善变电站监控业务移交巡维人员信息表后移交调控中心。 （3）运维人员到站后应安排人员对站内设备进行检查，如有异常，应及时上报缺陷并配合专业人员进行处理	
5	对异常处理情况进行记录、总结分析	人员、设备、电网	（1）将异常信息情况进行记录，并及时闭环。 （2）部分情况需要撰写异常处置分析报告的，需由当值值班负责人组织，班组长审核			

3.7 无功电压调整

主网调度控制专业核心业务控制措施单 7		核心任务：无功电压调整				
序号	任务步骤	风险暴露信息（人员/设备/电网/环境）	现有措施	可能出现的情况	所需核实项目	备注
1	发现监视变电站有电压越限信息	人员、设备、电网	（1）在 OCS 系统中每 30min 对所有监视变电站电压棒图进行查看，确认在正常范围内。（2）根据变电站月度无功电压曲线及 OCS 系统电压越限信息确认电压是否需要调整	未及时发现电压越限信息，可能造成 A 类电压合格率较低、或用户电压不满足要求	（1）在 OCS 系统中每 30min 对所有监视变电站电压棒图进行查看，确认在正常范围内。（2）根据变电站月度无功电压曲线及 OCS 系统电压越限信息确认电压是否需要调整。（3）经过出线倒供的母线，可能出现电压越限的情况，需要对上一级变电站母线电压进行调整或者通知下级调度机构及时调整。（4）由于电网结构造成的局部性调压困难点，按照电网月度运行方式要求进行调整	
2	确认无功电压调整方案		（1）电网系统电压越限，则对主网变电站变压器档位及电容器组进行调整。			

主网调度控制专业核心业务控制措施单 7		核心任务：无功电压调整				
序号	任务步骤	风险暴露信息(人员/设备/电网/环境)	现有措施	可能出现的情况	所需核实项目	备注
2	确认无功电压调整方案		（2）电网系统电压在正常范围，则对终端变电站变压器档位及电容器组进行调整。 （3）无功电压调整按就地平衡原则，优先调整电容器组，再调整主变压器档位。 （4）同一组电容器组两次投切间隔不低于5min			
3	操作前准备		（1）核对设备状态及操作任务，确认设备状态满足操作要求。 （2）检查操作任务与操作目的的一致性。 （3）明确监护人，如监护人不在监控值班负责人应指定监护人进行操作。 （4）评估操作后可能引起的潮流、电压和频率的变化			

续表

主网调度控制专业核心业务控制措施单7		核心任务：无功电压调整			
序号	任务步骤	风险暴露信息（人员/设备/电网/环境）	现有措施	可能出现的情况	所需核实项目	备注
4	执行操作	人员、设备、电网	（1）操作前核对厂站名称、设备名称及编号，进入设备间隔图再次确认设备名称编号正确后方可进行操作。（2）严格执行监护制度，一人操作、一人监护，监护人将主接线图切换为操作变电站、核对操作设备正确后输入监护密码。（3）严格执行密码管理制度，用户名和密码由本人自行保存，不得泄漏或转借他人使用，也不得使用他人用户名和密码	无功电压调整未达到预期目标	（1）主网系统电压越限，则对主网变电站变压器档位及电容器组进行调整。（2）主网系统电压在正常范围，则对终端变电站变压器档位及电容器组进行调整。（3）无功电压调整按就地平衡原则，优先调整电容器组，再调整主变压器档位	
				可能发生误操作	（1）操作前核对厂站名称、设备名称及编号，进入设备间隔图再次确认设备名称编号正确后方可进行操作。（2）操作监护时监护人将主接线图切换为操作变电站、核对操作设备正确后输入监护密码。（3）操作结束核实设备变位及	

续表

主网调度控制专业核心业务控制措施单7				核心任务：无功电压调整		
序号	任务步骤	风险暴露信息（人员/设备/电网/环境）	现有措施	可能出现的情况	所需核实项目	备注
4	执行操作	人员、设备、电网			遥信信息推送是否正确，相关电压、电流、有功等遥测量变化正确	
				有载调压空开脱扣	及时联系运行人员到站检查设备	
				有载调压轻瓦斯保护动作	（1）及时联系运行人员到站检查设备，期间不得调节主变档位。（2）已完成主变分接开关真空化改造的主变，注意处置措施区别于常规配置的主变	
				电容器组损坏	核实电容器组上一次投切已超过5min	
5	检查操作质量，汇报操作完成情况，完成相关记录		（1）检查设备变位及遥信信息推送是否正确。（2）检查相关电压、电流、有功等遥测量变化正确			

3.8 远方遥控操作

主网调度控制专业核心业务控制措施单8		核心任务：远方遥控操作			
序号	任务步骤	风险暴露信息(人员/设备/电网/环境)	现有措施	可能出现的情况	所需核实项目	备注
1	接受调度操作指令	人员、设备、电网	涉及上级调度或下级调度操作时，调控员记录调度指令内容，对调度指令内容进行复诵，正确后方可开始操作	误接、误传达调度指令，引起误操作，可能造成局部停电	（1）涉及上级调度或下级调度操作时，分区调控员在调度指令记录本记录调度指令内容，对调度指令内容进行复诵，正确后方可开始操作。（2）接令、下令时，使用规范的调度术语，避免因口音差别，发生错误。（3）接受调令中有疑问时，应立即向发令人进行反馈，弄清楚问题后再进行接令。（4）若站内有运行人员，操作前必须通知站内人员，避免人员误碰带电设备或者不熟悉设备带电范围。	

主网调度控制专业核心业务控制措施单8			核心任务：远方遥控操作			
序号	任务步骤	风险暴露信息（人员/设备/电网/环境）	现有措施	可能出现的情况	所需核实项目	备注
1	接受调度操作指令	人员、设备、电网		对不具备远方遥控条件的设备进行远方操作	（5）远方遥控操作前，务必核对《远方监视、控制设备清单》，对于不具备遥控操作条件的设备，原则上不得进行远方操作。 （6）涉及需要进行远方同期操作时，务必核对《远方监视、控制设备清单》，同时与自动化、运行方式专业人员确证该断路器可以进行远方同期操作	
2	操作前风险评估	人员、设备、电网	（1）检查确认操作后继电保护及安全自动装置是否满足运行要求。 （2）评估操作后可能引起的潮流、电压和频率的变化			

主网调度控制专业核心业务控制措施单 8			核心任务：远方遥控操作			
序号	任务步骤	风险暴露信息（人员/设备/电网/环境）	现有措施	可能出现的情况	所需核实项目	备注
3	操作准备	人员、设备、电网	（1）核对设备状态及操作任务，确认设备状态满足操作要求。 （2）检查操作任务与操作目的的一致性。 （3）明确监护人，如监护人不在监控值班负责人应指定监护人进行操作。 （4）评估操作后可能引起的潮流、电压和频率的变化。 （5）需在 OCS 系统进行远方控制时，应查询《远方监视、控制设备清单》是否具备远方控制条件、是否可经 OCS 系统远方同期合闸；未开展遥控试验的设备，原则上不得在 OCS 系统进行远方控制操作			

主网调度控制专业核心业务控制措施单8			核心任务：远方遥控操作			
序号	任务步骤	风险暴露信息(人员/设备/电网/环境)	现有措施	可能出现的情况	所需核实项目	备注
4	执行操作	人员、设备、电网	（1）操作前核对厂站名称、设备名称及编号，进入设备间隔图再次确认设备名称编号正确后方可进行操作。 （2）严格执行监护制度，一人操作、一人监护，监护人将主接线图切换为操作变电站、核对操作设备正确后输入监护密码。 （3）严格执行密码管理制度，用户名和密码由本人自行保存，不得泄漏或转借他人使用，也不得使用他人用户名和密码	进行正常操作时，误分其他运行断路器，可能造成局部停电	（1）核对设备状态及操作任务，确认设备状态满足操作要求。 （2）检查操作任务与操作目的的一致性。 （3）明确操作监护人，如监护人不在监控值班负责人应指定监护人进行操作。 （4）操作前核对厂站名称、设备名称及编号，进入设备间隔图再次确认设备名称编号正确后方可进行操作。 （5）严格执行监护制度，一人操作、一人监护，监护时监护人将主接线图切换为操作变电站、核对操作设备正确后输入监护密码	

主网调度控制专业核心业务控制措施单 8			核心任务：远方遥控操作			
序号	任务步骤	风险暴露信息（人员/设备/电网/环境）	现有措施	可能出现的情况	所需核实项目	备注
4	执行操作	人员、设备、电网		进行遥控试验时，误分合其他断路器，可能造成局部停电	（1）操作前与自动化组核对遥控点号正确。（2）操作前核对变电站、设备名称和编号无误。（3）遥控操作，必须两人进行，严格执行监护复诵制。（4）与现场运行人员核对非试验断路器远方/就地切换开关切换至就地位置。（5）试验失败，应立即联系自动化值班人员检查处理	
5	检查操作质量	人员、设备、电网	（1）操作完毕后核实设备变位及遥信信息推送是否正确。（2）相关电压、电流、有功等遥测量变化正确	操作后未认真检查导致设备异常未及时发现	（1）操作结束后操作人应检查设备变位情况正确，负荷潮流显示正确，间隔图无异常遥信信息。（2）因遥信、遥测信息不正确而不能判断操作结果时，应通知运维人员立即到站检查。	

续表

主网调度控制专业核心业务控制措施单 8		核心任务：远方遥控操作				
序号	任务步骤	风险暴露信息(人员/设备/电网/环境)	现有措施	可能出现的情况	所需核实项目	备注
5	检查操作质量	人员、设备、电网			（3）确认操作结果后应立即在操作受令记录中填写操作完成时间，并对照受令记录汇报相应调度机构	
6	汇报操作完成情况	人员、设备、电网	（1）涉及上级调度或下级调度的调度指令：值班负责人对照受令记录电话进行汇报。（2）地调调度指令：值班负责人对照受令记录口头进行汇报			

4 配网调度控制

4.1 配网故障及异常处理

配网调度控制专业核心业务控制措施单 1		核心任务：配网故障及异常处理			
序号	任务步骤	风险暴露信息（人员/设备/电网）	现有措施	可能出现的情况	所需核实项目	备注
1	故障基本信息收集：弄清保护动作情况，判断故障类型，查看电网当前态，确认故障及异常影响范围，进行故障及异常初始信息传递	人员、设备、电网	（1）准确记录各方故障及异常汇报信息。（2）SCADA、OCS 系统信息调用、查看掌握电网运行状态，根据故障现象正确判断故障及异常发生性质及其影响范围。（3）按照《大面积停电事件应急预案》和电网生产运行与客户服务停电信息传递要求进行信息传递，涉及用户停电的应及时发送短信到相关群组。（4）通知人员到达相应厂站，及时将电网运行情况、影响通知所涉及相关调度机构及用户	群众、用户等非系统人员直接电话报送故障，或因天气原因影响，可能报送的不是很清楚	（1）核实具体故障内容，如断线、起火等。（2）核实具体故障地点信息，如故障地点、线路名称、杆号等。（3）核实报送人联系电话（非系统），通知相关专业人员核实情况	与运行维护单位核实故障情况
				故障初步信息汇报，可能只有跳闸或异常信息，无相关保护报文	（1）要求现场尽快核实保护装置动作情况，有无明显异常，如响声、火光、烟雾等。（2）若为无人站，联系巡维中心负责人核实是否存在明显的响声、火光、烟雾等	运用 OCS 系统、SCADA 系统，快速查找相关报文，形成故障初步判断

续表

配网调度控制专业核心业务控制措施单 1				核心任务：配网故障及异常处理		
序号	任务步骤	风险暴露信息（人员/设备/电网）	现有措施	可能出现的情况	所需核实项目	备注
1	故障基本信息收集：弄清保护动作情况，判断故障类型，查看电网当前状态，确认故障及异常影响范围，进行故障及异常初始信息传递	人员、设备、电网		故障基本信息汇报。故障信息可能是各个故障点的信息，或同一个故障不同厂站的信息	（1）核实故障设备、保护及安自装置动作情况，并判断是否正确。（2）站内设备应注意核实是本设备保护动作还是越级保护动作，对其他相连设备运行是否有影响，并加强与主网调控员之间的沟通工作	调控员要综合各故障点的信息综合判断，必要时联系班组长或请专业人员帮助分析
				具体故障设备及故障范围	核实故障具体设备及所处状态，对相邻设备是否存在影响，现有的保护及安自装置运行方式是否满足运行条件	考虑如何有效地隔离故障设备
				故障发生后是否改变了电网运行方式，是否需要进行电网运行方式调整	（1）若自动装置动作，核实动作是否正确，是否改变了正常运行方式。（2）若故障设备处于双电源及多电源联络线路范围内，需要进行电网运行方式调整，并判断改变后电网运行的可行性	注意电网运行方式，实时负荷调整

续表

配网调度控制专业核心业务控制措施单1		核心任务：配网故障及异常处理				
序号	任务步骤	风险暴露信息（人员/设备/电网）	现有措施	可能出现的情况	所需核实项目	备注
1	故障基本信息收集：弄清保护动作情况，判断故障类型，查看电网当前状态，确认故障及异常影响范围，进行故障及异常初始信息传递	人员、设备、电网		信息传递遗漏	（1）按照电网生产运行与客户服务停电信息传递的要求进行对用户、配抢中心、服务调度进行信息传递，初步传递相关信息，包括故障设备，停电隔离范围，预计处理时间待检修人员到达现场后再确定。（2）涉及用户停电的线路，应与现场运行人员、工作人员沟通预计复电时间，主动通知相关短信群	将信息传递到服务调度、抢修调度
2	讨论确定故障及异常处理步骤，采取有效措施防止故障及异常范围扩大，进行相应倒闸操作	人员、设备、电网	（1）按照电网结构变化及时修编《主网电力故障现场处置方案》，做好日常演练，并按照《电网调度管理规程》原则进行故障及异常处理。（2）故障及异常处理前值班负责人及其他调控员统一确定故障及异常处理思路；必要时与相关专业人员沟通确定。	对于线路跳闸、不具备强送条件的情况	在监控班汇报或自行观察到线路跳闸情况后，应进行以下工作：（1）涉及用户产权线路，与用户核实是否有影响线路强送电的因素。（2）局管辖线路，与服务调度、配抢指挥中心、设备运行维护单位核实是否有影响线路强送电的因素。	强送前，调控员还要结合保护动作情况及实时潮流情况综合判定是否强送。全电缆线路或正常方式下重合闸未投入线路，不进行强送

配网调度控制专业核心业务控制措施单1		核心任务：配网故障及异常处理			
序号	任务步骤	风险暴露信息(人员/设备/电网)	现有措施	可能出现的情况	所需核实项目	备注
2	讨论确定故障及异常处理步骤，采取有效措施防止故障及异常范围扩大，进行相应倒闸操作	人员、设备、电网	（3）严格执行监护制度，一人下令、一人监护；正确下达调度命令，指挥电网故障及异常处理，控制故障及异常范围，隔离故障设备，防止故障及异常进一步扩大。 （4）倒闸操作前应核实设备、线路状态，具备停送电操作条件，严防误操作。 （5）涉及遥控操作的，当值调控员需核对《远方监视、控制设备清单》，确认需要操作的设备是否可以进行远方遥控操作；远方遥控操作时严格执行监护制度，一人操作、一人监护；若不能远方遥控操作，及时通知巡维中心人员到站。 （6）采取措施，保证电网安全和重点地区、重要负荷的电力供应；指挥电网操作，有效隔离故障，恢复电网供电方式，使其尽快恢复正常	停电设备、停电范围、设备状态是否满足故障处理要求	（3）有人值守变电站，快速检查跳闸线路一次、二次设备是否正常。 （4）无人值守变电站，联系巡维中心值班负责人核实是否存在明显的响声、火光、烟雾等影响线路强送电的情况。 （5）按照配电网强送电原则进行跳闸线路强送电操作 （1）在综合故障信息后，调控员拟定事故处理思路，完善操作步骤，与现场人员再次核实并处理该故障，明确需要停电的设备有哪些，一次、二次设备状态要求，停电范围能否有效隔离故障设备。 （2）若考虑远方倒供电操作，有人值守站需要通知现场运行人员，调度将进行远方操作，无人值守站在人员到站后及时通知哪些设备进行倒供电操作	

配网调度控制专业核心业务控制措施单1		核心任务：配网故障及异常处理			
序号	任务步骤	风险暴露信息（人员/设备/电网）	现有措施	可能出现的情况	所需核实项目	备注
2	讨论确定故障及异常处理步骤，采取有效措施防止故障及异常范围扩大，进行相应倒闸操作	人员、设备、电网		操作设备结构掌握有误	操作前通过OCS、调度自动化系统或者与现场核实设备结构，便于正确合理使用调度操作术语，重点关注三把刀闸、单侧有刀闸、无刀闸的情况	
				操作人员对调度操作指令不清楚	（1）提前与操作人员进行沟通，包括操作目的、操作任务、操作步骤，询问操作人员是否明白操作内容，是否有异议；同时需要说明只是沟通，待正式下令后现场才能操作。（2）正式操作前需再次与运行人员沟通；下令前说明"正式下令给你操作"	调度、现场共同把关调度操作指令的正确性
3	通知相关部门进行设备抢修	人员、设备、电网	（1）通知相关单位进行故障及异常抢修。（2）跟踪故障设备检查抢修情况。（3）做好故障及异常特殊方式危险点分析，做好应急准备和故障及异常预想	停复电联系人（或间接许可人）是否掌握停电设备状态及范围	（1）站内工作，停电操作完毕后，与停复电联系人再次核对停电设备状态及停电范围，核实停电设备状态及停电范围已经满足故障处理工作要求。（2）线路工作，停电操作完毕后，与间接许可人再次核对停电设备状态及停电范围已经满足工作要求	调度、现场共同把关停电操作范围的正确性

配网调度控制专业核心业务控制措施单1		核心任务：配网故障及异常处理			
序号	任务步骤	风险暴露信息（人员/设备/电网）	现有措施	可能出现的情况	所需核实项目	备注

序号	任务步骤	风险暴露信息（人员/设备/电网）	现有措施	可能出现的情况	所需核实项目	备注
3	通知相关部门进行设备抢修	人员、设备、电网		因设备故障跳闸或处理造成的运行方式变化是否需要在设备复电时调整为正常运行方式	（1）与现场做好沟通，了解保护及安自装置运行状态是否与调整后的运行方式相匹配，询问操作人员是否明白操作内容，是否有异议。 （2）电网潮流是否满足运行方式调整的要求。 （3）复电操作前及时通知用户配抢指挥中心	
				停复电联系人（或间接许可人）是否掌握停电设备状态及范围	（1）站内工作。停电操作完毕后，与停复电联系人再次核对停电设备状态及停电范围，核实停电设备状态及停电范围已经满足故障处理工作要求。 （2）线路工作。停电操作完毕后，与或间接许可人再次核对停电设备状态及停电范围已经满足工作要求	调度、现场共同把关停电操作范围的正确性
				是否存在配合工作范围重叠	（1）若多个抢修工作之间或者抢修工作与正常检修工作之间工作范围有	

70

配网调度控制专业核心业务控制措施单1			核心任务：配网故障及异常处理			
序号	任务步骤	风险暴露信息(人员/设备/电网)	现有措施	可能出现的情况	所需核实项目	备注
3	通知相关部门进行设备抢修	人员、设备、电网			重叠，向停复电联系人（或间接许可人）讲明工作范围有重叠的情况，要求各个间接许可人或现场许可人做好沟通工作。 （2）线路工作中，多个抢修工作需要与设备运维单位做好沟通，要求指定唯一总负责人。询问各级间接许可人的许可时间及联系人，并做好记录	
				因设备故障跳闸或处理造成的运行方式变化是否需要在设备复电时调整为正常运行方式	（1）与现场做好沟通，了解保护及安自装置运行状态是否与调整后的运行方式相匹配，询问操作人员是否明白操作内容，是否有异议。 （2）电网潮流是否满足运行方式调整的要求。 （3）复电操作前及时通知用户	

续表

配网调度控制专业核心业务控制措施单 1		核心任务：配网故障及异常处理			
序号	任务步骤	风险暴露信息（人员/设备/电网）	现有措施	可能出现的情况	所需核实项目	备注
3	通知相关部门进行设备抢修	人员、设备、电网		与用户、配抢指挥中心信息传递错误	待运行人员检查设备后，确定处置所需时间，加上现场操作时间、调度操作时间，预估判断处实际复电时间，留有一定裕度后形成初步预估复电时间，通知配抢指挥中心	
4	整理故障及异常相关记录		按照故障及异常处理时间顺序整理运行记录，统计停电时间、计算电量损失，统计负荷损失比例	停电时户统计错误	与服务调度沟通，根据其提供停电户数进行计算	
5	故障及异常处理总结分析		（1）当班调控员根据故障及异常处理情况编写故障及异常处理分析总结，报班组管理人员。 （2）相关专业班组配合进行分析总结，书面材料汇总报部门安监专责。 （3）部门安监专责组织召开故障及异常分析会，编写故障及异常分析报告。 （4）分析报告参照《系统运行异常事件管理业务指导书》执行	事故分析报告不清楚，原因分析不透彻	参照系统运行异常事件管理业务指导有关内容执行	

4.2 配网交接班

配网调度控制专业核心业务控制措施单 2			核心任务：配网交接班
序号	任务步骤	风险暴露信息（人员/设备/电网/环境）	现 有 措 施
1	交班准备工作	人员、设备、电网	（1）值班副值交班前完成以下准备工作： 1）交接班前后 15min 不接受相关工作申请，事故处理及影响用户送电的操作除外。 2）整理生产运行资料、完善值班运行信息。 3）整理办公及私人物品及环境卫生，保证整洁。 4）做好交接班监护工作。 5）确认所有需签名资料签名完毕。 （2）值班正值交班前完成以下准备工作： 1）核对当值调度生产信息、完成本值调度交接班记录编制工作，并经本值各岗位调度员审核、签名。交接班记录应全面、准确、概括地记录本值内电网运行情况。 2）检查调度信息平台信息（指令记录、操作命令票）记录完整。 3）检查 OMS 系统所有运行方式变更单、设备检修申请单、保护定值单状态正确（运行日志、接地线装拆）记录完整。 4）核对监控系统信息（设备实际运行方式和挂牌信息）。 5）检查内务是否整洁
2	接班准备工作	人员、设备、电网	（1）按正常交接班时间提前 15min 进入调度厅。 （2）熟悉当前电网运行方式，查看调度自动化系统各项监控数据。监控分区可视情况开展分区交接。 （3）根据交班人员所填写的交接班日志，熟悉上一班次运行操作情况以及本班将要面临的运行操作情况，查看上一班调度日志以及接地线管理、异常信号记录表等各项记录。 （4）待熟悉完毕具备接班条件后准备接班

续表

配网调度控制专业核心业务控制措施单 2		核心任务：配网交接班
序号	任务步骤	风险暴露信息（人员/设备/电网/环境）	现 有 措 施

序号	任务步骤	风险暴露信息（人员/设备/电网/环境）	现 有 措 施
3	交接班过程	人员、设备、电网	（1）交班调控员停止手上任何工作，开始进行总体交接班，期间有电话进来，由交班副值接听，并告知对方正在交接班，稍后打来（故障及异常和紧急缺陷除外）。 （2）由值班负责人（目前由调度正值兼任）持交接班日志向接班调控员进行以下内容的交代： 1）当前系统运行方式。 2）电网运行风险及控制措施。 3）检修工作执行情况及遗留工作。 4）电网故障及异常或异常，设备缺陷及处理情况。 5）新设备投运情况。 6）通信、远动、上级部门、领导指示、保供电等其他情况。 7）调度厅内设施及办公用品情况。 （3）交班其他调控员对值班负责人交班内容进行补充。 （4）交班调控员对接班调控员提出的问题进行解释和说明。 （5）双方调控员对交接班情况均无异议后，在交接班日志上签名，接班调控员上岗，交班副值离岗，交班值班负责人继续监护值班 15min 后离岗。 （6）交接班期间，交、接班人员均须严肃认真对待，做好交接班期间的录音工作，确保交班无遗留，接班无疑问
4	接班调控员进入当班角色	人员、设备、电网	（1）值班负责人完成 OMS 系统上的交接班流程。 （2）值班负责人与其他调控员进行沟通，完成本班次电网运行操作危险点分析，结合电网当前薄弱环节进行故障及异常预想，并制定初步应对措施

4.3 配网正常操作

配网调度控制专业核心业务控制措施单3			核心任务：配网正常操作		
序号	任务步骤	风险暴露信息（人员/设备/电网）	现有措施	可能出现的问题	所需核实项目	备注
1	预告操作	人员、设备、电网	（1）查阅检修申请，掌握检修内容、停电范围、工作要求，并注意该申请是否有安措要求、配合停电及其他安全注意事项。 （2）考虑检修方式安排是否满足电网安全约束。 （3）查阅、熟悉与该申请相关联的新设备投运申请、保护定值通知单。 （4）由当值调控员进行操作预告发布，向停复电联系人（间接许可人）明确操作时间、停电设备、设备状态要求、申请单编号。 （5）在检修申请"备注"栏填写预告相关信息	是否出现新的停复电联系人（或间接许可人）	核实停复电联系人（或间接许可人）是否具备调度受令资格	
				是否同一时间有多个停电设备	按照调度优化操作的原则，根据实际情况，明确多个停电设备的操作先后顺序，并与停复电联系人（或间接许可人）做好沟通	
				是否同一巡维班组同一时间多个地点操作	按照调度优化操作的原则，根据实际情况，与巡维中心负责人核实清楚人员到达各个点的顺序，从而明确操作顺序	
				是否由多个单位配合操作	认真梳理全部操作，说明整个操作目的，重点说明各自所负责的操作内容，核实各负责人是否已明白所负责的操作内容	

配网调度控制专业核心业务控制措施单3		核心任务：配网正常操作			
序号	任务步骤	风险暴露信息（人员/设备/电网）	现有措施	可能出现的问题	所需核实项目	备注

序号	任务步骤	风险暴露信息（人员/设备/电网）	现有措施	可能出现的问题	所需核实项目	备注
1	预告操作	人员、设备、电网		是否为施工单位人员	施工单位人员不了解调控一体化相关业务变化，预告工作时应告知；到达工作现场及时与调控员联系，待正式下令后才可操作	避免造成施工单位人员不理解下令和业务联系的区别
				申请批复有误或填报有误	（1）预告检修申请时发现申请批复有误，及时联系调控组班组长、相关专业人员或分管领导，确认检修申请是否确实批复有误，是否需要流转相关专业进行批复。 （2）预告检修申请时发现申请填报有误，及时联系调控组班组长、相关签发专业人员，确认检修申请是否确实填报有误，是否需要修改或作废	
2	操作前准备：协调工作顺序、填写调度操作指令票、调度操作指令记录	人员、设备、电网	（1）掌握电网当前运行方式，当班值班负责人总体安排、协调，优化操作顺序；通报工作关键点、危险点。 （2）由当班副值调控员在正值调控员的指导下，			

配网调度控制专业核心业务控制措施单3			核心任务：配网正常操作			
序号	任务步骤	风险暴露信息（人员/设备/电网）	现有措施	可能出现的问题	所需核实项目	备注
2	操作前准备：协调工作顺序、填写调度操作指令票、调度操作指令记录	人员、设备、电网	根据操作安排、检修申请、交接班记录、运行记录，并严格执行"三对照"（对照操作任务和运行方式、对照调度OCS系统主接线图、对照检查设备名称和编号）等进行填写。 （3）正、副值调控员均要考虑该项操作继电保护和安全自动装置运行状态是否协调配合，是否需要改变。 （4）当班副值调控员填写操作票时要核实该线路上各操作点的设备运行状态，线路有无"T"接等是否符合规定。 （5）操作前需识别该项操作所涉及设备是否为上级调度管辖或许可设备，若是，须征得上级调度同意。 （6）当班副值调控员完成操作关注及控制重点分析。 （7）当班副值调控员填写调度操作指令票或指令记			

配网调度控制专业核心业务控制措施单3			核心任务：配网正常操作		
序号	任务步骤	风险暴露信息（人员/设备/电网）	现有措施	可能出现的问题	所需核实项目	备注
2	操作前准备：协调工作顺序、填写调度操作指令票、调度操作指令记录	人员、设备、电网	录，填写完毕核对指令内容满足操作任务及目的要求后执行调度命令票"三审"制度，三级审核均需重点关注操作步骤是否能满足操作需要达到操作目的和要求。 （8）充分考虑操作对电网运行造成的影响，并确认各项准备工作完毕			
3	下达操作指令及开工	人员、设备、电网	（1）下达调度指令时，正、副值调控员（调度）应相互配合，严格执行监护复诵制度，一人下令、一人监护，监护人停止手上工作，进行下令全过程监护。 （2）正式下令前需向现场简要说明操作目的、操作任务、操作步骤及注意事项，得到对方确认，条件满足后进入正式下令环节。 （3）根据调度操作指令票逐项下令操作，不得跳项、漏项或擅自更改操作顺序，填写检修申请"下令"栏内容。 （4）操作过程中充分利用调度自动化系统遥测、遥信等有关信息监视操作的正确性。	停电设备、停电范围、设备状态是否满足工作要求	结合检修申请要求，调控员拟定操作思路，完善操作步骤，与现场人员再次核实，执行该申请需要停电的设备有哪些，一次、二次设备状态要求，以及停电范围能否满足工作要求	
				停复电联系人（或间接许可人）是否掌握停电范围	（1）站内工作，停电操作完毕后，与停复电联系人（或间接许可人）再次核对停电设备状态及停电范围，核实停电设备状态及停电范围已经满足工作要求。 （2）线路工作，停电操作完毕后，与停复电联系人（或间接许可人）再次核对停电设备状态及停电范围已经满足要求	调度、现场共同把关停电操作范围的正确性

配网调度控制专业核心业务控制措施单3			核心任务：配网正常操作			
序号	任务步骤	风险暴露信息（人员/设备/电网）	现有措施	可能出现的问题	所需核实项目	备注
3	下达操作指令及开工	人员、设备、电网	（5）凡涉及调度下令操作的安全措施，必须及时准确地录入"接地线管理记录"内。 （6）通知调控员在调度自动化系统上进行相应挂牌操作。 （7）由于设备缺陷和故障需要临时改变预先既定的操作方案的，正值调控员主持进行实时运行操作风险分析，必要时寻求相关专业人员技术支持，重新填写操作票；对于已经在执行的调度命令，与现场确认是否可以继续执行。 （8）操作完毕后，正值调控员面审查一遍调度操作指令票或操作指令记录及运行日志，以防遗漏；调度操作指令票打印盖章后存档。 （9）线路工作与间接许可人核实检修申请单编号及工作内容后，许可工作；站内工作向停	核对工作内容是否一致	（1）核对工作内容是否与检修申请是否一致。 （2）对部分未开展或增加的工作进行仔细核对，核实对复电操作是否有影响。 （3）若多个工作配合，一部分工作完工，另一部分工作继续开展且不影响设备复电的情况，需要与停复电联系人（或间接许可人）核实清楚需要复电的设备对继续开展的工作无影响，可以保证现场工作人员安全	（1）工作过程中临时发现问题，增加或减少处理工作。 （2）部分工作继续开展但对复电没有影响的情况
				线路工作现场是否申请工作许可	线路工作许可必须现场申请工作开工，与间接许可人确认目前设备状态、停电范围满足实际工作要求	
				是否存在配合工作范围重叠	（1）若多个计划工作之间或者计划工作与异常处理等工作之间工作范围有重叠，向停复电联系人（或间接许可人）讲明工作范围有重叠的情况，	

续表

配网调度控制专业核心业务控制措施单3			核心任务：配网正常操作			
序号	任务步骤	风险暴露信息（人员/设备/电网）	现有措施	可能出现的问题	所需核实项目	备注
3	下达操作指令及开工	人员、设备、电网	复电联系人询问开工时间，填写检修申请上"停电"和"开工"栏内容，同时通知停复电联系人或间接许可人要求完工前半小时通知调度。（10）对特殊运行方式下的电网风险通报相关单位进行管控		要求各个间接许可人或现场许可人做好沟通工作。（2）线路工作中，多个配合工作需要与设备运维单位做好沟通，要求指定唯一总负责人。询问各级间接许可人的许可时间及联系人并做好记录	
4	复电准备	人员、设备、电网	（1）值班调控员根据设备相关检修工作的完工情况和复电安排，提前通知运行值班人员复电操作准备。（2）操作前向现场简要说明操作目的、操作任务、操作步骤及注意事项，得到对方确认，现场如有疑问，应立即与值班调控员沟通并协调解决			

续表

配网调度控制专业核心业务控制措施单3		核心任务：配网正常操作			
序号	任务步骤	风险暴露信息（人员/设备/电网）	现有措施	可能出现的问题	所需核实项目	备注
5	完工核实	人员、设备、电网	（1）确认检修设备或线路所有工作完毕（包括配合检修申请）。 （2）与检修设备或线路上所有下级许可人确认所有工作完工、现场安全措施全部拆除，人员全部撤离，工作面具备复电条件。 （3）确认检修线路状态为许可工作前交付的状态；站内设备除调度下令安全措施外均处冷备用。 （4）与相关调度或用户确认检修设备具备复电条件。 （5）确认属上级调度管辖或许可设备，复电前需经上级调度批准。 （6）属新设备投运工作，查看投运申请和投运方案是否完备。 （7）按地调保护组通知的保护定值单与现场核对并进行流转。 （8）填写检修申请"完工"栏内容。 （9）对其他值班人员已经接报的相关配合申请完工情况进行再次核实工作完成情况	是否在原有工作基础上增加工作	增加工作，需与现场核实，先有停电设备，设备状态，停电范围，是否满足增加工作的需要，增加工作的内容是否满足《电网调度管理规程》中口头申请管理规定的要求；涉及地调管辖、许可设备事故抢修及紧急缺陷处理，是否满足《电网调度规程》中涉及地调管辖、许可设备事故抢修及紧急缺陷处理管理规定的要求	
				是否取消全部或部分工作	（1）涉及取消全部或部分检修申请中工作内容的，需与现场核实工作取消原因，取消的工作对现运行设备状态是否有影响，电网运行方式是否需要调整，并与运行方式组联系。 （2）申请内工作全部取消的还应与运行方式组确定申请流转程序	
				是否能够按时完工	（1）若不能在检修申请规定工期内完工，停复电联系人（或间接许可人）向调控员申请	

续表

配网调度控制专业核心业务控制措施单3			核心任务：配网正常操作			
序号	任务步骤	风险暴露信息(人员/设备/电网)	现有措施	可能出现的问题	所需核实项目	备注
5	完工核实	人员、设备、电网			工作延期，注意核实清楚延期原因，延期完工时间，对后续工作是否有影响。 （2）填写相关记录表格及申请延期项目栏。 1）不超过当日24：00的延期由调控员决定是否同意延期。 2）超过当日24：00的延期，由专业组决定是否同意延期。 （3）确定延期后，涉及其他调度机构或用户的，应及时传递停送电信息	
				工作检修申请单编号、工作内容是否一致	（1）核对检修申请单编号、工作内容是否与申请处理故障内容是否一致。 （2）对部分未开展或增加的工作进行仔细核对，核实对复电操作是否有影响。 （3）若多个工作配合，一部分工作完工，另一部分工	（1）工作过程中临时发现问题，增加或减少处理工作。 （2）部分工作继续开展但对复电没有影响的情况

续表

配网调度控制专业核心业务控制措施单3			核心任务：配网正常操作			
序号	任务步骤	风险暴露信息（人员/设备/电网）	现有措施	可能出现的问题	所需核实项目	备注
5	完工核实	人员、设备、电网			作继续开展且不影响设备复电的情况，需要与停复电联系人（或间接许可人）核实清楚需要复电的设备对继续开展的工作无影响，现场可以保证工作人员安全	
				明确工作断面情况	核实相关工作完毕，现场人员已全部撤离，安全措施已全部拆除，工作断面已具备送电条件	
				对于线路搭头但不投运的工作	核实搭接设备必须与电网有明显的断开点，未列入投运的新搭接设备不得带电	
				工作完毕有投运的工作	（1）与新设备投产联系人核实新设备验收情况，投运新设备是否处于冷备用状态（2）与验收负责人核对验收情况，有多方验收的需要求总验收人员进行总体验收汇报，不进行分项验收汇报。（3）投运完毕，核实新设备运行情况，核实电压、相序等是否正确	调控员要提前熟悉投运方案，发现疑问及时与现场、各专业人员沟通

续表

配网调度控制专业核心业务控制措施单3		核心任务：配网正常操作			
序号	任务步骤	风险暴露信息（人员/设备/电网）	现有措施	可能出现的问题	所需核实项目	备注
5	完工核实	人员、设备、电网		是否存在配合工作范围重叠	若多个配合工作之间或者抢修工作与正常检修工作之间工作范围有重叠，向间接许可人讲明工作范围有重叠的情况，要求各个间接许可人或现场许可人做好沟通工作	
6	填写调度运行日志、复电调度操作指令票或操作指令记录	人员、设备、电网	（1）掌握电网当前运行方式，当班正值调控员（调度）总体安排、协调，优化操作顺序；通报工作关键点、危险点。 （2）由当班副值调控员在正值调控员的指导下，根据操作安排、检修申请、交接班记录、运行记录，并严格执行"三对照"（对照操作任务和运行方式、对照调度OCS系统主接线图、对照检查设备名称和编号）等进行填写。 （3）正、副值调控员均要考虑该项操作继电保护和安全自动装置运行			

配网调度控制专业核心业务控制措施单3		核心任务：配网正常操作			
序号	任务步骤	风险暴露信息（人员/设备/电网）	现有措施	可能出现的问题	所需核实项目	备注
6	填写调度运行日志、复电调度操作指令票或操作指令记录	人员、设备、电网	状态是否协调配合，是否需要改变。 （4）当班副值调控员填写操作票时要核实该线路上各操作点的设备运行状态，线路有无"T"接等是否符合规定。 （5）操作前需识别该项操作所涉及设备是否为上级调度管辖或许可设备，若是，须征得上级调度同意。 （6）当班副值调控员完成操作关注及控制重点分析。 （7）充分考虑是否需要远方遥控操作，若需要远方遥控操作及时核对《远方监视、控制设备清单》，确认相关设备是否可以遥控操作。 （8）当班副值调控员填写调度操作指令票或指令记录，填写完毕核对指令内容满足操作任务及目的要求后执行调度命令票			

配网调度控制专业核心业务控制措施单 3		核心任务：配网正常操作			
序号	任务步骤	风险暴露信息（人员/设备/电网）	现有措施	可能出现的问题	所需核实项目	备注
6	填写调度运行日志、复电调度操作指令票或操作指令记录	人员、设备、电网	"三审"制度，三级审核均需重点关注操作步骤是否能满足操作需要达到的目的和要求。 （9）充分考虑操作对电网运行造成的影响，并确认各项准备工作完毕			
7	下达复电操作指令		（1）核实SCADA系统设备状态、接地开关（接地线）与现场实际相符。 （2）下达调度指令时，正、副值调控员应相互配合，严格执行监护复诵制度，一人下令、一人监护，监护人停止手上工作，进行下令全过程监护。 （3）正式下令前需向现场简要说明操作目的、操作任务、操作步骤及注意事项，得到对方确认，条件满足后进入正式下令环节。在进行遥控操作期间，调控员需注意设备操作期间的异常信号。	工作结束或复电完毕后涉及运行方式变更	（1）与现场做好沟通，了解保护及安自装置运行状态是否与调整后的运行方式相匹配，询问操作人员是否明白操作内容，是否有异议。 （2）电网潮流是否满足运行方式调整的要求	

配网调度控制专业核心业务控制措施单 3		核心任务：配网正常操作			
序号	任务步骤	风险暴露信息（人员/设备/电网）	现有措施	可能出现的问题	所需核实项目	备注
7	下达复电操作指令		（4）根据调度操作指令票逐项下令操作，不得跳项、漏项或擅自更改操作顺序，填写检修申请"下令"栏内容。 （5）操作过程中充分利用调度自动化系统遥测、遥信等有关信息监视操作的正确性。 （6）涉及远方遥控操作的设备，操作前再次核对《远方监视、控制设备清单》，确认相关设备具备遥控操作条件，操作完后及时要求现场运行人员检查，并注意是否因操作产生异常信号。 （7）凡涉及调度下令操作的安全措施，必须及时准确地录入"接地线管理记录"内（回令后立即填写安全措施拆除记录）。			

续表

配网调度控制专业核心业务控制措施单3		核心任务：配网正常操作			
序号	任务步骤	风险暴露信息（人员/设备/电网）	现有措施	可能出现的问题	所需核实项目	备注
7	下达复电操作指令		（8）通知调控员在调度自动化系统上进行相应摘牌操作。 （9）由于设备缺陷和故障需要临时改变预先既定的操作方案的，正值调控员主持进行实时运行操作危险点分析和操作关注重点，必要时寻求相关专业人员技术支持，重新填写操作票；对于已经在执行的调度命令，与现场确认是否可以继续执行。 （10）操作完毕后，正值调控员全面审查一遍调度操作指令票或操作指令记录及运行日志，以防遗漏，调度操作指令票打印盖章后存档。 （11）填写相关申请"复电"栏上内容，终结相关申请			

4.4 配网新设备投产

配网调度控制专业核心业务控制措施单 4		核心任务：配网新设备投产				
序号	任务步骤	风险暴露信息（人员/设备/电网）	现有措施	可能出现的问题	所需核实项目	备注
1	申请开始投运	人员、设备、电网	（1）按照新设备投产申请单，在现场报完工后核对定值。 （2）调控员核对投产图纸。 （3）调控员结合操作情况，与自动化值班员沟通 OCS 系统图纸更名事宜。 （4）与新设备投产联系人核实待投设备状态。 （5）与新设备投产联系人、验收负责人核实待投设备是否验收合格，具备投运条件	保护定值单未提前核对	（1）检查申请中保护批复具体定值单编号，或定值单总数目；与现场核对保护定值单编号。 （2）及时在系统中流转定值单	
				OCS 系统图未提前核对	当值调控员就调度管辖、许可设备与检修申请中所附图纸进行核对，如果发现 OCS 系统一次接线图与实际图纸不符，及时联系自动化值班员	
				OCS 系统中相关设备名称未修改	按自动化要求，涉及名称变更，停电结束后后台更改相关数据库内容，投产前，调控员核实具备投产条件后通知自动化值班换更改一次接线图名称	

续表

配网调度控制专业核心业务控制措施单 4		核心任务：配网新设备投产			
序号	任务步骤	风险暴露信息（人员/设备/电网）	现有措施	可能出现的问题	所需核实项目	备注
1	申请开始投运	人员、设备、电网		未与新设备投产联系人核实投运新设备状态	（1）核实投运工程相关工作完毕，现场人员已全部撤离，安全措施已全部拆除，工作断面已具备送电条件。核实所有投运新设备已处冷备用。（2）新线路投运注意核实负责两侧及线路的新设备投产联系人（多个）	
				未与新设备投产联系人核实投运新设备验收情况	核实相关新设备已经验收合格，具备投运条件。若工程验收分为多部分进行，要求确定总验收负责人汇报验收情况	
				未与验收负责人核实投运新设备验收情况	核实相关新设备已经验收合格，具备投运条件。若有启委会的投运工作，需要与投产负责人核实，启委会批准投运即可	

配网调度控制专业核心业务控制措施单4		核心任务：配网新设备投产			
序号	任务步骤	风险暴露信息（人员/设备/电网）	现有措施	可能出现的问题	所需核实项目	备注
2	投运开始	人员、设备、电网	（1）评估投产方案是否具备可执行性，是否存在问题，是否可以按照方案下令。（2）与新设备投产联系人核实现场投产方案与调度一致。（3）按照新设备投产申请单中投产方案进行投产	新设备投产联系人未持有投运方案，未提前熟悉投运方案	（1）与新设备投产联系人核实已持有投运方案，并与调控员持有一致。（2）提前与新设备投产联系人沟通投运操作步骤，询问操作人员是否明白操作内容，是否有异议。（3）某些情况下需要更改投产方案中的某些步骤，与新设备投产联系人、调度专业人员、分管领导沟通清楚后，再进行投产方案调整	调控员要提前熟悉投运方案，发现疑问及时与现场、各专业人员、分管领导沟通
3	投运间断	人员、设备、电网		投产需要间断	投产过程中，新投设备出现故障，需要现场检查相关并处置后方可继续投产	平衡操作风险与电网运行风险
4	投运完毕	人员、设备、电网		新投设备运行不正常，参数不正确	投运完毕，核实新设备运行情况，核实电压、相序等是否正确	遗留问题填入交接班记录
				存在投产遗留问题	（1）投产遗留问题记入交接班记录中，使所有调控员均掌握这一情况。	

配网调度控制专业核心业务控制措施单 4		核心任务：配网新设备投产				
序号	任务步骤	风险暴露信息(人员/设备/电网)	现有措施	可能出现的问题	所需核实项目	备注
4	投运完毕	人员、设备、电网			（2）对于部分线路因无负荷无法测量 CT 极性的情况应记录清楚，带负荷前与现场运行人员落实 CT 极性测试情况；与保护专业确证是否需要投入重合闸	
5	监控业务移交	人员、设备、电网		未按规范、流程进行移交，导致误监控、漏监控事件发生	（1）新设备投运后需移交巡维班组后设备监控业务方可移交调控中心。 （2）新设备监控业务移交前应无影响设备运行的重大、紧急缺陷。 （3）监控业务移交前现场运维人员应与当值调控员核对新设备遥测信息、光字牌遥信信息一致。 （4）监控业务移交前运维人员应填写《变电站新设备投产远方监控业务移交信息表》，经当值调控员核对无误方可开始移交。 （5）监控业务移交结束后当值调控员应推送短信通知相关部门、人员，并按要求履行新设备监视、控制业务	

4.5 配网带电作业

配网调度控制专业核心业务控制措施单 5			核心任务：配网带电作业			
序号	任务步骤	风险暴露信息（人员/设备/电网）	现有措施	可能出现的问题	所需核实项目	备注
1	预通知	人员、设备、电网	10kV 带电作业 10kV 带电作业重合闸投退申请，提前通知人员到站	忘记 10kV 线路带电作业需要预通知	并按照"预计退出重合闸"时间通知相关变电站运行人员到站	
2	申请开展带电作业	人员、设备、电网		出现新的间接许可人或变电运行人员	核实间接许可人或变电运行人员是否具备调度受令资格	
				作业内容与生产计划不一致	核对工作内容是否正确，是否属于带电作业。需要退出重合闸的线路名称	
				确证工作环境	与间接许可人核实现场环境条件是否满足带电作业要求	
3	停电操作	人员、设备、电网	以间接许可人申请为依据，进行后续停电操作	运行人员对线路带电作业不清楚	（1）向运行人员说明线路进行带电作业，要求按照带电作业要求对线路重合闸进行操作，并明确是否需要退出线路重合闸。	

续表

配网调度控制专业核心业务控制措施单5		核心任务：配网带电作业			
序号	任务步骤	风险暴露信息（人员/设备/电网）	现有措施	可能出现的问题	所需核实项目	备注
3	停电操作	人员、设备、电网			（2）预通知的10kV线路带电作业，退出重合闸前务必得到现场申请后再操作，避免约时投退重合闸	
4	许可工作	人员、设备、电网	核实带电作业是否满足要求		与间接许可人核实现场环境条件及设备条件是否满足带电作业要求	
5	工作完工	人员、设备、电网	核实工作完成情况，确认重合闸是否具备投入条件		与间接许可人核实工作完成情况，工作已全部结束，现场安全措施已全部拆除，人员已撤离，工作面已无任何遗留，××线路重合闸具备投入条件	
6	复电操作	人员、设备、电网		运行人员对线路带电作业不清楚	在投入重合闸时，向运行人员说明线路进行带电作业已经结束	

4.6 配网设备运行监视

配网调度控制专业核心业务控制措施单6		核心任务：配网设备运行监视			
序号	任务步骤	风险暴露信息（人员/设备/电网）	现有措施	可能出现的问题	所需核实项目	备注
1	通过OCS、调度自动化系统正常监视运行设备	人员、设备、电网	（1）正常监视所有管辖变电站、开闭所设备事故、异常、遥测越限、断路器变位信息进行不间断监视。（2）发生特殊监视启动条件时，值班负责人应组织相关调控员进行特殊监视，对无人值班站设备采取增加监视频度、定期查看相关数据、对相关设备或变电站进行固定画面监视等加强监视措施，并做好事故预想及各项应急准备工作。（3）交接班时调控员对上一值监控工作中发生的运行方式变化、缺陷、事故跳闸及异常信号等监视	值班人员因故脱离监控岗位	严肃值班纪律，值班期间因故离开工作岗位，应汇报值班负责人，值班负责人做好该区设备监控的人员安排。夜班值班安排由值班负责人统一安排，夜班值班期间不得长时间离开调控大厅	

续表

配网调度控制专业核心业务控制措施单6		核心任务：配网设备运行监视				
序号	任务步骤	风险暴露信息(人员/设备/电网)	现有措施	可能出现的问题	所需核实项目	备注
2	发现设备运行异常信息	人员、设备、电网	（1）准确记录故障及异常信息，及时通知巡维中心及同值调控员。（2）根据OCS系统、调度自动化系统查看掌握电网运行状态，查看具体故障信息并根据故障现象判断故障及异常发生性质及其影响范围。（3）必要时将电网运行情况及影响通知服务调度、抢修调度或用户	未及时发现异常信号，对设备工况变化掌握不及时，导致异常工况处理不及时，可能造成局部停电或设备损坏	（1）严格按照时间节点开展设备全面监视、正常监视、特殊监视、交接班监视。（2）正常监视所有监视变电站设备事故、异常、遥测越限、断路器变位信息进行不间断监视。（3）发生特殊监视启动条件时，监控负责人应组织调控员进行特殊监视，对无人值班站设备采取增加监视频度、定期查阅相关数据、对相关设备或变电站进行固定画面监视等加强监视措施，并做好事故预想及各项应急准备工作。（4）交接班时调控员对上一值监控工作中发生的运行方式变化、缺陷、事故跳闸及异常信号等监视	

配网调度控制专业核心业务控制措施单6		核心任务：配网设备运行监视			
序号	任务步骤	风险暴露信息（人员/设备/电网）	现有措施	可能出现的问题	所需核实项目	备注
2	发现设备运行异常信息	人员、设备、电网		异常信号处理不及时，可能造成局部停电或设备损坏	（1）根据OCS、调度自动化系统实时告警窗、历史信息查看窗口；保信系统查看掌握电网运行状态，查看具体故障信息并根据故障现象判断故障及异常发生性质及其影响范围。（2）督促运行人员对异常信号的进行处置，如上报缺陷、联系专业人员立即处理等。（3）需在调度自动化系统进行远方控制时，应查看该设备是否在线，是否具备远方控制条件	
3	通知巡维中心/受控站/红塔分局运行人员到站检查	人员、设备、电网	（1）通知运行人员按时限要求到达相应厂站，并要求运行人员将一次、二次设备检查情况、异常信息对设备运行的影响等信息准确汇报。（2）督促运行人员对异常信号的进行处置，如上报缺陷、联系专业人员立即处理等。（3）做好故障及异常特殊方式危险点分析，做好应急准备和故障及异常预想			

配网调度控制专业核心业务控制措施单 6		核心任务：配网设备运行监视			
序号	任务步骤	风险暴露信息(人员/设备/电网)	现有措施	可能出现的问题	所需核实项目	备注
4	根据现场检查情况判断是否采取相关控制手段，如影响系统运行，做好设备紧急停运事故预想	人员、设备、电网	(1) 按照电网结构变化及时修编《电网电力故障现场处置方案》，做好日常演练，并按照《电网调度管理规程》原则进行故障及异常处理。 (2) 故障及异常处理前正、副值调控员统一确定故障及异常处理思路；必要时与相关专业人员沟通确定。 (3) 严格执行监护制度，一人下令、一人监护；正确下达调度命令，指挥电网故障及异常处理，控制故障及异常范围，隔离故障设备，防止故障及异常进一步扩大。 (4) 需在调度自动化系统进行远方控制时，应查看该设备是否在线，是否具备远方控制条件，遥控操作时一人操作、一人监护。 (5) 强送电前如接到变电站运行人员汇报有影响强送电的情况应停止进行强送电操作	漏监控事件发生	(1) 变电站发生通信中断后，当值调控员检查确认后应立即联系自动化值班员检查处理，并通知运维人员立即到站恢复值守。 (2) 运维人员到站后应安排人员对站内设备进行检查，如有异常，应及时上报缺陷并配合专业人员进行处理	

配网调度控制专业核心业务控制措施单6		核心任务：配网设备运行监视				
序号	任务步骤	风险暴露信息（人员/设备/电网）	现有措施	可能出现的问题	所需核实项目	备注
5	对异常处理处理情况进行记录、总结分析	人员、设备、电网	（1）将异常信息情况在OMS系统进行记录，并及时闭环。（2）部分情况需要撰写异常处置分析报告的，需由当值值班负责人组织，班组长把关			

4.7 配网远方遥控操作

配网调度控制专业核心业务控制措施单7		核心任务：配网远方遥控操作				
序号	任务步骤	风险暴露信息（人员/设备/电网）	现有措施	可能出现的问题	所需核实项目	备注
1	接受调度操作指令	人员、设备、电网	调控员在OMS系统填写调度指令记录或调度操作指令票，审核通过后正值通过电话下令副值操作，副值通过电话对调度指令内容进行复诵，正确后方可开始操作	误接、误传达调度指令，引起误操作，可能造成局部停电	（1）调控员在OMS系统填写调度指令记录或调度操作指令票，审核通过后正值通过电话下令副值操作，副值通过电话对调度指令内容进行复诵，正确后方可开始操作。	误接、误传达调度指令，引起误操作，可能造成局部停电

配网调度控制专业核心业务控制措施单7			核心任务：配网远方遥控操作			
序号	任务步骤	风险暴露信息（人员/设备/电网）	现有措施	可能出现的问题	所需核实项目	备注
1	接受调度操作指令	人员、设备、电网			（2）接令、下令时，使用规范的调度术语，避免因口音差别，发生错误。（3）接受调令中有疑问时，应立即向发令人进行反馈，弄清楚问题后再进行接令	
				对不具备远方遥控条件的设备进行远方操作	（1）若站内有运行人员，操作前必须通知站内人员，避免人员误碰带电设备或者不熟悉设备带电范围。（2）远方遥控操作前，务必核对设备在线情况，对于不具备遥控操作条件的设备，不得进行远方操作	
2	操作前风险评估	人员、设备、电网	（1）检查确认操作后继电保护及安全自动装置是否满足运行要求。（2）评估操作后可能引起的潮流、电压和频率的变化			

续表

配网调度控制专业核心业务控制措施单 7		核心任务：配网远方遥控操作				
序号	任务步骤	风险暴露信息（人员/设备/电网）	现有措施	可能出现的问题	所需核实项目	备注
3	操作准备	人员、设备、电网	（1）核对设备状态及操作任务，确认设备状态满足操作要求。 （2）检查操作任务与操作目的的一致性。 （3）评估操作后可能引起的潮流、电压和频率的变化。 （4）远方遥控操作前，务必核对设备在线情况，对于不具备遥控操作条件的设备，不得进行远方操作			
4	执行操作	人员、设备、电网	（1）操作前核对厂站名称、设备名称及编号，确认设备名称编号正确后方可进行操作。 （2）严格执行监护制度，一人操作、一人监护，监护人将主接线图切换为操作变电站、核对操作设备正确后输入监护密码。 （3）严格执行密码管理制度，用户名和密码由本人自行保存，不得泄漏或转借他人使用，也不得使用他人用户名和密码	进行正常操作时，误分其他运行断路器，可能造成局部停电	（1）核对设备状态及操作任务，确认设备状态满足操作要求。 （2）检查操作任务与操作目的的一致性。 （3）操作前核对厂站名称、设备名称及编号，进入设备间隔图再次确认设备名称编号正确后方可进行操作。 （4）严格执行监护制度，一人操作、一人监护，监护时监护人将主接线图切换为操作变电站、核对操作设备正确后输入监护密码	

配网调度控制专业核心业务控制措施单7		核心任务：配网远方遥控操作				
序号	任务步骤	风险暴露信息(人员/设备/电网)	现有措施	可能出现的问题	所需核实项目	备注
5	检查操作质量	人员、设备、电网	(1) 操作完毕后核实设备变位及遥信信息推送是否正确。 (2) 相关电压、电流、有功等遥测量变化正确	操作后未认真检查导致设备异常未及时发现	(1) 操作结束后操作人应检查设备变位情况正确，负荷潮流显示正确，间隔图无异常遥信信息。 (2) 因遥信、遥测信息不正确而不能判断操作结果应通知运维人员立即到站检查。 (3) 确认操作结果后应立即在操作受令记录中填写操作完成时间，并对照受令记录汇报相应调度机构	
6	汇报操作完成情况	人员、设备、电网	副值调控员口头汇报正值调控员			

5 通信运维

5.1 光传输设备调试

通信运维专业核心业务控制措施单1			核心任务：光传输设备调试
序号	任务步骤	风险暴露信息（人员/设备/电网/环境）	现 有 措 施
1	核实具备开工条件	光传输设备	（1）工作开始前，按照月度检修计划上报检修申请。 （2）到达工作现场办理作业手续。 （3）检查手工器具完备齐全。 （4）开工前，与调度核实具备开工条件后，方可开始工作。 （5）召开班前会，填写班前班后会表单
2	设备上电前的检查	光传输设备	设备上电前用万用表测量电压及正负极
3	设备上电	光传输设备	按先投通信电源侧空开，再投设备侧空开的要求逐级对设备上电
4	单站调试	光传输设备	（1）工作过程中加强监护，设置监护人员1名对操作人员的操作过程进行监护。 （2）操作前熟读设备说明书注意事项，规范操作。 （3）操作结束后对单站设备数据进行备份
5	系统联调	光传输设备	（1）接线时按要求佩戴防静电护腕。 （2）工作前认真核对配线资料。 （3）按电力通信网月度运行方式中明确的光口性能参数进行对接。 （4）操作过程中加强与对侧通信人员、通信调度人员联系

续表

通信运维专业核心业务控制措施单1		风险暴露信息（人员/设备/电网/环境）	核心任务：光传输设备调试
序号	任务步骤	风险暴露信息（人员/设备/电网/环境）	现 有 措 施
6	资料整理	光传输设备	工作结束后及时完善和更新标签标志
7	可追溯性记录	光传输设备	（1）与调度核实调试业务运行正常后，申请完工。 （2）办理现场工作终结手续。 （3）做好配线资料、设备台账等资料更新、归档工作。 （4）召开班后会并填写班前班后会表单

5.2 光传输设备定检

通信运维专业核心业务控制措施单2		风险暴露信息（人员/设备/电网/环境）	核心任务：光传输设备定检
序号	任务步骤	风险暴露信息（人员/设备/电网/环境）	现 有 措 施
1	核实具备开工条件	光传输设备	（1）工作开始前，按照月度检修计划上报检修申请。 （2）到达工作现场办理作业手续。 （3）检查手工器具完备齐全。 （4）开工前，与调度核实具备开工条件后，方可开始工作。 （5）召开班前会，填写班前班后会表单
2	设备外观检查	光传输设备	（1）工作过程中加强监护，设置监护人员1名对操作人员的操作过程进行监护。 （2）按照《光传输设备定检表单》逐步进行检查，做好记录
3	可追溯性记录	光传输设备	工作结束后及时完善和更新标签标志

续表

通信运维专业核心 业务控制措施单 2			核心任务：光传输设备定检
序号	任务步骤	风险暴露信息 （人员/设备 /电网/环境）	现 有 措 施
4	可追溯性 记录	光传输设备	（1）与调度核实设备承载业务运行正常后，申请完工。 （2）办理现场工作终结手续。 （3）做好光传输设备定检表单的记录、归档工作。 （4）召开班后会并填写班前班后会表单

5.3 通信电源检测

通信运维专业核心 业务控制措施单 3			核心任务：通信电源检测
序号	任务步骤	风险暴露信息 （人员/设备 /电网/环境）	现 有 措 施
1	核实具备 开工条件	通信电源 设备	（1）工作开始前，按照月度检修计划上报检修申请。 （2）到达工作现场办理作业手续。 （3）检查手工器具完备齐全。 （4）开工前，与调度核实具备开工条件后，方可开始工作。 （5）召开班前会，填写班前班后会表单
2	设备外观 检查	通信电源 设备	（1）工作过程中加强监护，设置1名监护人员对操作人员的操作过程进行监护。 （2）按照《通信电源设备定检表单》逐步进行检查，做好记录
3	检查高频 开关电源参 数设置是否 正确	通信电源 设备	（1）工作过程中加强监护，设置1名监护人员对操作人员的操作过程进行监护。 （2）检查前熟读设备说明书中参数设置要求，规范操作。 （3）操作结束后对单站设备数据进行保存

续表

通信运维专业核心业务控制措施单3			核心任务：通信电源检测
序号	任务步骤	风险暴露信息（人员/设备/电网/环境）	现 有 措 施
4	蓄电池电压检测	作业人员	(1) 触碰端子前，用万用表测量端子是否带电。 (2) 明确工作地点、任务。 (3) 检查工作区域与带电部位安全距离是否足够，安全措施是否齐全。 (4) 加强监护
5	蓄电池组投退	蓄电池设备	(1) 卸下或接入的蓄电池组和模块电源连接线必须有绝缘措施（塑料套管或热缩管套管外包绝缘胶布）。 (2) 放电结束蓄电池组投入时，必须采取限流措施，防止电源系统过载。 (3) 模块重新接入系统时，在保证安全情况下，采用等电位接入方式。 (4) 加强监护。 (5) 退出、投入蓄电池组熔断器前，需佩戴护目镜及低压绝缘手套
6	蓄电池容量核对性放电试验	蓄电池设备	(1) 检查前熟读设备说明书中参数设置要求，规范操作。 (2) 放电测试连接系统必须复核检查，保证智能放电仪负载线与蓄电池组正负极有良好的接触，才能通电。 (3) 放电过程全程值班监测
7	交流输入倒换试验	通信电源设备	确认主、备交流电正常，做倒换试验时确保蓄电池组在线
8	资料整理	通信电源设备	工作结束后及时完善和更新标签标志
9	可追溯性记录	通信电源设备	(1) 与调度核实调试业务运行正常后，申请完工。 (2) 办理现场工作终结手续。 (3) 做好通信电源设备定检表单的记录、归档工作。 (4) 召开班后会并填写班前班后会表单

5.4 光缆定检

通信运维专业核心业务控制措施单 4			核心任务：光缆定检
序号	任务步骤	风险暴露信息（人员/设备/电网/环境）	现 有 措 施
1	核实具备开工条件	光传输设备	（1）工作开始前，按照月度检修计划上报检修申请。 （2）到达工作现场办理作业手续。 （3）检查手工器具完备齐全。 （4）开工前，与调度核实具备开工条件后，方可开始工作。 （5）召开班前会，填写班前班后会表单
2	ODF 光纤配线架检查	光传输设备	（1）检查在用尾纤标志是否清晰、正确。 （2）认真核对现场配线资料
3	备用纤芯测试	光传输设备	检查被测试光缆在用尾纤接线是否牢固可靠，无松动
4	备用纤芯测试	光传输设备	（1）测试前与对侧作业人员核对纤芯空闲情况，确保两侧配线资料的一致性。 （2）工作过程中加强监护，设置监护人员 1 名对操作人员的操作过程进行监护。 （3）按照《光缆备用纤芯定检表单》逐步进行检查，做好记录
5	备用纤芯测试	作业人员	（1）工作负责人始终在工作现场对作业人员进行有效监护。 （2）工作负责人提醒作业人员在测试过程中不得将光口对准眼睛
6	资料整理	光传输设备	工作结束后及时完善和更新标签标志
7	可追溯性记录	光传输设备	（1）与调度核实调试业务运行正常后，申请完工。 （2）办理现场工作终结手续。 （3）做好光缆备用纤芯测试定检表的记录、归档工作。 （4）召开班后会并填写班前班后会表单

5.5 视频会议系统调试与维护

通信运维专业核心业务控制措施单 5			核心任务：视频会议系统调试与维护
序号	任务步骤	风险暴露信息（人员/设备/电网/环境）	现 有 措 施
1	接到会议通知	视频会议设备	（1）设专人配合视频会议的召开，并将联系方式报上级视频会议系统负责人。 （2）对查看到的视频会议认真记录，确保所记录的会议时间及参会人员信息准确
2	核实具备开工条件	视频会议设备	（1）参会各单位提前30min打开视频会议终端。 （2）会务人员提前做好会场布置
3	系统联调	视频会议设备	（1）操作前熟悉会议要求。 （2）数据配置及接线后要认真联调验证系统能实现会议要求的全部功能（图像、声音、双流是否正常）
4	会议过程网管控制	视频会议设备	（1）设专人配合视频会议的召开并进行会议过程网管控制。 （2）核对网管参数设置，确保能实现会议要求的所有功能
5	资料整理	视频会议设备	工作结束后，彻底关闭视频会议系统及摄像头

5.6 调度数据网设备调试

通信运维专业核心业务控制措施单 6			核心任务：调度数据网设备调试
序号	任务步骤	风险暴露信息（人员/设备/电网/环境）	现 有 措 施
1	核实具备开工条件	调度数据网设备	（1）工作开始前，按照月度检修计划上报检修申请。 （2）到达工作现场办理作业手续。 （3）检查手工器具完备齐全。 （4）开工前，与调度核实具备开工条件后，方可开始工作。 （5）召开班前会，填写班前班后会表单

通信运维专业核心业务控制措施单6			核心任务：调度数据网设备调试
序号	任务步骤	风险暴露信息（人员/设备/电网/环境）	现 有 措 施
2	调度数据网设备上电前的准备工作	调度数据网设备	（1）机柜用螺栓固定或焊接；符合施工图纸的要求；机柜必须水平、稳固。 （2）插板卡前认真核对电路板及针角；检查板卡是否插到底且单板面板正常扣好
3	启用调度数据网设备	调度数据网设备	（1）执行南网反措要求，机柜须接入通信机房一次地。 （2）电源线、地线必须采用整段铜芯材料，中间不能有接头。 （3）电源正负极缆线线色区分开
4	维护终端与调度数据网设备连接	调度数据网设备	测试前认真检查连接电缆及 RS232 口、以太网口是否完好
5	软件调试	调度数据网设备	（1）在调试终端上打开超级终端设置波特率为9600，数据位为8，奇偶校验为无，停止位为1，流量控制为无。 （2）工作负责人对工作人员进行监护和检查
6	资料整理	调度数据网设备	工作结束后及时完善和更新标签标志
7	可追溯性记录	调度数据网设备	（1）与调度核实调试业务运行正常后，申请完工。 （2）办理现场工作终结手续。 （3）做好配线资料、设备台账等资料更新、归档工作。 （4）召开班后会并填写班前班后会表单

6 通信调度

6.1 通信设备网管巡视

通信调度专业核心业务控制措施单 1		核心任务：通信设备网管巡视	
序号	任务步骤	可能出现的情况	现有措施
1	打开网管客户端软件或 Web 页面，输入用户名和密码，登录网管服务器	操作人员误操作	（1）操作人员操作前认真核对操作步骤，确认清楚操作任务。 （2）必要时实行作业监护制度（一人操作、一人监护）
2	查看网管系统的报警信息，记录相关告警数量和告警内容	操作人员数据记录错误或操作系统侧数据未更新	（1）反复核对所记录的数据，核查资料的准确性。 （2）必要时实行作业监护制度（一人操作、一人监护）
3	查看网管系统的网络拓扑，检查网络链路、网元状态是否正常	操作人员数据记录错误或操作系统侧数据未更新	（1）反复核对所记录的数据，核查资料的准确性。 （2）必要时实行作业监护制度（一人操作、一人监护）

6.2 通信设备网管检测

通信调度专业核心业务控制措施单 2		核心任务：通信设备网管检测	
序号	任务步骤	可能出现的情况	现有措施
1	网管登录	工作负责人未准备资料、未进行安全交底	（1）开工前，核实具备开工条件后，方可开始工作。 （2）召开班前会，填写班前班后会表单

通信调度专业核心业务控制措施单 2		核心任务：通信设备网管检测	
序号	任务步骤	可能出现的情况	现 有 措 施
2	网管系统检查	操作人员数据记录错误或操作系统侧数据未更新	（1）反复核对所记录的数据，核查资料的准确性。 （2）必要时实行作业监护制度（一人操作、一人监护）
3	网管安全性	操作人员数据记录错误或操作系统侧数据未更新	（1）反复核对所记录的数据，核查资料的准确性。 （2）必要时实行作业监护制度（一人操作、一人监护）
4	网管时间校核	操作人员数据记录错误或操作系统侧数据未更新	（1）反复核对所记录的数据，核查资料的准确性。 （2）必要时实行作业监护制度（一人操作、一人监护）
5	校核网管各网元的时钟跟踪情况	操作人员数据记录错误或操作系统侧数据未更新	（1）反复核对所记录的数据，核查资料的准确性。 （2）必要时实行作业监护制度（一人操作、一人监护）
6	设备告警检查	操作人员数据记录错误或操作系统侧数据未更新	（1）反复核对所记录的数据，核查资料的准确性。 （2）必要时实行作业监护制度（一人操作、一人监护）
7	设备运行状态检查	操作人员数据记录错误或操作系统侧数据未更新	（1）反复核对所记录的数据，核查资料的准确性。 （2）必要时实行作业监护制度（一人操作、一人监护）
8	设备数据检查、备份	操作人员数据记录错误或操作系统侧数据未更新	（1）反复核对所记录的数据，核查资料的准确性。 （2）必要时实行作业监护制度（一人操作、一人监护）

续表

通信调度专业核心业务控制措施单 2		核心任务：通信设备网管检测	
序号	任务步骤	可能出现的情况	现 有 措 施
9	板卡性能检查	操作人员数据记录错误或操作系统侧数据未更新	（1）反复核对所记录的数据，核查资料的准确性。 （2）必要时实行作业监护制度（一人操作、一人监护）
10	系统日志检查	操作人员数据记录错误或操作系统侧数据未更新	（1）反复核对所记录的数据，核查资料的准确性。 （2）必要时实行作业监护制度（一人操作、一人监护）

6.3 通信运行管控系统检测

通信调度专业核心业务控制措施单 3		核心任务：通信运行管控系统检测	
序号	任务步骤	可能出现的情况	现 有 措 施
1	检查应用系统访问是否正常	人员误操作	（1）操作人员操作前认真核对操作步骤，确认清楚操作任务。 （2）必要时实行作业监护制度（一人操作、一人监护）
2	检查应用系统性能是否正常	数据记录错误	（1）反复核对所记录的数据，核查资料的准确性。 （2）必要时实行作业监护制度（一人操作、一人监护）
3	查询综合监控模块告警是否及时上报	数据记录错误	（1）反复核对所记录的数据，核查资料的准确性。 （2）必要时实行作业监护制度（一人操作、一人监护）

通信调度专业核心业务控制措施单 3		核心任务：通信运行管控系统检测	
序号	任务步骤	可能出现的情况	现 有 措 施
4	查询综合监控模块数据配置	数据记录错误	（1）反复核对所记录的数据，核查资料的准确性。 （2）必要时实行作业监护制度（一人操作、一人监护）
5	查询综合监控模块网络拓扑显示	数据记录错误	（1）反复核对所记录的数据，核查资料的准确性。 （2）必要时实行作业监护制度（一人操作、一人监护）
6	根据条件查询通道，查看综合监控模块通道路由图	数据记录错误	（1）反复核对所记录的数据，核查资料的准确性。 （2）必要时实行作业监护制度（一人操作、一人监护）
7	打开及导出缺陷单据，查看监控单据，测试流程各节点能否正常提交	数据记录错误	（1）反复核对所记录的数据，核查资料的准确性。 （2）必要时实行作业监护制度（一人操作、一人监护）
8	打开及导出检修单据，查看监控单据，测试流程各节点能否正常提交	数据记录错误	（1）反复核对所记录的数据，核查资料的准确性。 （2）必要时实行作业监护制度（一人操作、一人监护）
9	打开及导出月度计划单据，查看监控单据，测试流程各节点能否正常提交	数据记录错误	（1）反复核对所记录的数据，核查资料的准确性。 （2）必要时实行作业监护制度（一人操作、一人监护）
10	打开及导出资源申请方式单据，查看监控单据，测试流程各节点能否正常提交	数据记录错误	（1）反复核对所记录的数据，核查资料的准确性。 （2）必要时实行作业监护制度（一人操作、一人监护）

续表

通信调度专业核心业务控制措施单 3		核心任务：通信运行管控系统检测	
序号	任务步骤	可能出现的情况	现 有 措 施
11	打开及导出设备并网单据，测试流程各节点能否正常提交	人员误操作	（1）操作人员操作前认真核对操作步骤，确认清楚操作任务。 （2）必要时实行作业监护制度（一人操作、一人监护）
12	查询值班日志，打开调度工作台进行交接班	人员误操作	（1）操作人员操作前认真核对操作步骤，确认清楚操作任务。 （2）必要时实行作业监护制度（一人操作、一人监护）
13	查看资源管理模块网络拓扑	数据记录错误	（1）反复核对所记录的数据，核查资料的准确性。 （2）必要时实行作业监护制度（一人操作、一人监护）
14	查看资源管理模块光路信息及路由图	数据记录错误	（1）反复核对所记录的数据，核查资料的准确性。 （2）必要时实行作业监护制度（一人操作、一人监护）
15	查看资源管理模块通道信息及路由图	数据记录错误	（1）反复核对所记录的数据，核查资料的准确性。 （2）必要时实行作业监护制度（一人操作、一人监护）
16	抽取资源管理模块中的设备/光链路进行 $N-1$ 分析	人员误操作	（1）操作人员操作前认真核对操作步骤，确认清楚操作任务。 （2）必要时实行作业监护制度（一人操作、一人监护）
17	查看资源管理模块数据同步比对结果	人员误操作	（1）操作人员操作前认真核对操作步骤，确认清楚操作任务。 （2）必要时实行作业监护制度（一人操作、一人监护）

配网抢修

7.1 故障抢修工单管理

配网抢修专业核心业务控制措施单 1			核心任务：故障抢修工单管理
序号	任务步骤	风险暴露信息（人员/设备/电网/环境）	现 有 措 施
1	抢修工单的发起	人员、设备、电网	（1）接受配网调度传递的故障停电信息。 （2）判定是否属于站内设备停电。 （3）确定停电范围并发起工单
2	故障研判	人员、设备、电网	（1）实时上报故障停电事件。 （2）根据 OMS 系统核实计划停电信息。 （3）根据已掌握的计划、故障停电信息进行故障研判
3	工单审核	人员、设备、电网	（1）对抢修班组回填的工单进行审核，判断信息完整有效的工单，审核通过并传递至客服中心。 （2）判断信息不完整的工单，回退至抢修人员补充填写
4	故障停电统计评价		对本地区范围内配网故障抢修业务相关指标进行统计分析和发布

7.2 配抢交接班管理

配网抢修专业核心业务控制措施单 2		核心任务：配抢交接班管理	
序号	任务步骤	风险暴露信息（人员/设备/电网/环境）	现 有 措 施
1	交班准备工作	人员、设备、电网	（1）交班前 15min 由正值准备：①核对当值抢修工单信息；②核对当值故障信息；③梳理工作，整理交接班内容；④整理值班资料、办公用品；⑤完成交接班日志。 （2）经副值再次复核确认交接班日志填写无误后，书面打印，准备交接班
2	接班准备工作	人员、设备、电网	（1）按正常交接班时间提前 15min 到岗。 （2）熟悉当前工单情况，熟悉故障信息。 （3）根据交班人员所填写的交接班日志，熟悉上一班次停电事件、派单情况，重点关注需跟踪工单。 （4）待工作熟悉完毕具备接班条件后准备接班
3	交接班过程	人员、设备、电网	（1）交班指挥员 A 停止全部工作，开始进行交接班，期间有电话进来，由交班指挥员 B 接听，并告知对方正在交接班，稍后打来。 （2）由交班指挥员 A 持交接班日志向接班调度员进行以下内容的交代： 1）故障停电事件及跟踪情况。 2）工单及跟踪情况。 3）当班期间工单分析及问题。 4）工作要求。 5）班组事务、通知。 （3）交班指挥员 B 对指挥员 A 交班内容进行补充。 （4）交班指挥员对接班指挥员提出的问题进行解释和说明。 （5）双方指挥员对交接班情况均无异议后，在交接班日志上签名，接班指挥员上岗，指挥员离岗，交班指挥员继续监护值班 15min 后离岗

配网抢修专业核心业务控制措施单 2			核心任务：配抢交接班管理
序号	任务步骤	风险暴露信息（人员/设备/电网/环境）	现 有 措 施
4	接班调度员进入当班角色	人员、设备、电网	指挥员 A 与指挥员 B 进行沟通，对当班工单及停电事件进行分析，对单位时间内单人无法完成的工作协调分工

8 继电保护

8.1 继电保护及安全自动装置定值整定计算

继电保护专业核心业务控制措施单 1		核心任务：继电保护及安全自动装置定值整定计算	
序号	任务步骤	风险暴露信息（人员/设备/电网/环境）	现 有 措 施
1	资料收集、准备	设备、电网	（1）督促工程建设管理部门按时提供整定计算资料，提供资料时间要求如下： 1）220kV 及以上电压等级的新建（改、扩建）工程，在新设备投入运行前 3 个月报送。 2）110kV 电压等级的新建工程（含用户工程）、220kV 及以上出线（间隔）和其他单一设备更换等项目，在新设备投入运行前 2 个月报送。 3）35kV 及以下新建（改、扩建）工程（含用户工程），110kV 出线（间隔）和其他单一设备更换等项目，在新设备投入运行前 1 个月报送。 4）35kV 及以下出线（间隔）和其他单一设备更换等项目，在新设备投入运行前 15 个工作日报送。 5）保护整定计算对一次设备参数有实测要求的，投运前 3 个工作日报送。 （2）整定计算资料应包括以下内容： 1）断路器、隔离开关、变压器、消弧线圈、电压互感器、电流互感器（包括零序电流互感器）、阻波器、无功补偿设备、高压电动机等主设备的铭牌参数及技术规范。 2）供电方式（电源点）说明及简图。 3）输电、配电线路及电缆线的地理路径图、导线型号、长度、排列方式、线间距离、线路相序、交叉换位情况、平行线距离、架空地线规格。 4）每一条供电线路（出线）负荷容量及性质。

续表

继电保护专业核心业务控制措施单1			核心任务：继电保护及安全自动装置定值整定计算
序号	任务步骤	风险暴露信息（人员/设备/电网/环境）	现　有　措　施
1	资料收集、准备	设备、电网	5）用户工程必须提供其新、旧设备的全部容量、接线方式、负荷性质等。 （3）提供的资料、数据应与现场实际相符，同时加盖本部门印章后报送。 （4）及时提供与其他调度管辖范围分接点的继电保护边界综合阻抗等参数、定值限额。 （5）如不按规定提供整定计算资料的，可根据《工作考核管理业务指导书》提出考核意见
2	短路计算	设备、电网	（1）正确设置计算软件各项参数及功能应用。 （2）对计算涉及的电网进行建模时，需要事先向运行方式人员了解可能出现的各种运行方式，并正确录入数据
3	编制整定计算方案	设备、电网	（1）每年年初根据电网结构变化及年度运行方式，按照地区电网继电保护整定方案及整定计算书相关编制规范修订地区年度整定方案。 （2）对于复杂、大型的整定计算方案，应经充分讨论后确定
4	整定计算	设备、电网	（1）整定计算时，应充分思考，明确整定计算原因、目的、思路、注意事项，并作为整定计算稿的内容。 （2）整定计算前，必须阅读相关设备整定计算规程，方可依据整定方案进行整定计算。 （3）整定计算应充分了解装置功能特性，了解现场二次回路接线方式，必要时应咨询厂家或现场保护调试人员。 （4）整定出现配合困难、灵敏度不足等问题时，应及时告知班组和部门管理人员，一同商议处理，确实无法解决的问题，必须书面报批后备案

续表

继电保护专业核心业务控制措施单 1		核心任务：继电保护及安全自动装置定值整定计算	
序号	任务步骤	风险暴露信息（人员/设备/电网/环境）	现　有　措　施
5	各级审核	设备、电网	（1）整定完毕后，应认真整理整定计算稿并进行自核，特别注意短路计算结果的正确性、电流互感器变比选取、二次回路接线方式、各类参数是否与提供资料一致等。 （2）对于较复杂的整定计算审核，各级审核人员应与整定计算人员进行交流讨论，听取整定计算人员讲解整定思路，充分了解整定计算方案后再进行审核工作。 （3）审核应侧重重点，主要关注计算的依据、计算原则及方案相符性
6	定值通知单管理	设备、电网	（1）依据整定计算结果，按照装置说明书编制定值单，下达调试定值通知单。 （2）依据现场调试或执行回执，履行计算人、审核人、批准人三级审核程序后下达正式定值通知单。 （3）定值通知单备注栏应注明方向指向、变压器接线型式、电压接线方式、定值区应用、出口跳闸方式、必要的投退说明

8.2　受理、批复检修（新设备投运）申请

继电保护专业核心业务控制措施单 2		核心任务：受理、批复检修（新设备投运）申请	
序号	任务步骤	风险暴露信息（人员/设备/电网/环境）	现　有　措　施
1	检修申请受理	人员、设备、电网	（1）受理保护专业的第二种检修申请单时，检查检修申请属性（计划、非计划、紧急）是否符合要求，相关部门审批是否满足要求，并根据检修设备调度管辖范围选择相应的执行方式（中调执行、地调执行、配调执行、联合执行）。

继电保护专业核心业务控制措施单2			核心任务：受理、批复检修（新设备投运）申请
序号	任务步骤	风险暴露信息（人员/设备/电网/环境）	现　有　措　施
1	检修申请受理	人员、设备、电网	（2）原则上不安排任何非计划检修工作；非计划检修的安排以确定的计划变更为依据，再结合电网实际统筹考虑。 （3）检修申请填报内容应填报规范的设备名称，概括说明需开展的检修、技改、试验等工作安排，以及工作实施的相关要求及影响范围，明确对设备的状态要求（含一次、二次设备等）。 （4）中调管辖、许可设备检修申请（新设备投运）在开工前3个工作日流转到中调方式受理节点。 （5）新设备投运申请填报内容应填报规范的设备名称，检查相关部门审批是否满足要求，投运步骤是否正确，并根据检修设备调度管辖范围选择相应的执行方式（中调执行、地调执行、配调执行、联合执行）
2	检修申请批复	人员、设备、电网	（1）考虑电网结构、继电保护与运行方式、供电可靠性等对电网的影响。 （2）考虑设备是否会误动、拒动，对运行设备造成的影响，联络线的稳定及保护配合要求。 （3）涉及多个调度机构的设备检修，应考虑管辖设备及运行方式、保护配合的相互影响（包括定值区域切换、旁路代供定值调整、联跳功能的投切等）。 （4）继电保护批复用语力求详细、准确、到位，保护是否适应运行方式安排，明确复电后设备继电保护及安全自动装置的投切（不得使用"根据一次设备变更投切"用语替代）。 （5）备自投倒电操作，主要考虑是否有带小电，解列功能的投退情况，还应落实备投功能是否具备，若不具备，则要求运行方式部门改变操作方式。 （6）对于零序网络有接地点的变电站，应保持零序网络的稳定，避免故障时拒动；特殊情况，应在批复时特殊说明拒动误动的可能，要求特巡设备。 （7）在更换电流互感器类工作时应评估是否会对运行设备造成影响，并采取措施

9 网络安全防护

9.1 电力监控系统主机网络安全防护加固

网络安全防护专业核心业务控制措施单1		核心任务：电力监控系统主机网络安全防护加固	
序号	任务步骤	风险暴露信息（人员/设备/电网/环境）	现 有 措 施
1	作业前准备（确认系统准备工器具，杀毒U盘、备份U盘）	责任人：工作人员准备，工作负责人检查确认；工作风险：因工器具准备不足，导致工作中工器具使用不到位导致设备损坏，人身伤害	工作人员规范着装，穿纯棉工作服，使用绝缘包裹工器具，准备最新病毒库杀毒U盘，准备满足使用空间要求的备份U盘
2	核实具备开工条件	责任人：工作负责人；工作风险：因开工条件不具备，导致系统瘫痪，人员伤亡	（1）完善保密协议签订明确各方保密责任人，严格执行安全技术交底、工作票制度，工作前做好工作交底，按规定开展工作安全、技术交底。（2）严格履行签字确认手续。（3）作业前对原系统主机系统软件做好备份
3	主机退网（监控系统原则上应退出系统并网，进行全面查杀与安全加固）	责任人：工作人员；作业风险：系统退网工作质量不足，引发工作系统网络瘫痪	系统在接入交换机通过交换机命令，断开系统连接端口，有条件的才采取拔出网络连接线的物理隔离措施

网络安全防护专业核心业务控制措施单1		核心任务：电力监控系统主机网络安全防护加固	
序号	任务步骤	风险暴露信息（人员/设备/电网/环境）	现 有 措 施
4	边界加固（系统接入网络交换机上配置ACL策略），用白名单的方式只允许在系统业务的接入端口及双向访问的IP地址，并以黑名单的方式在该交换机所有端口禁止各级规范要求关闭的高风险网络端口（如445等）业务的双向访问	责任人：工作人员；作业风险：工作质量不足导致系统运行不正常，保密工作不到位导致系统IP泄露	现场做好系统备份，强化工作监督，严格保密协定，并监督避免非法数据拷贝
5	病毒查杀	责任人：工作人员；作业风险：病毒误判断，误查杀系统软件进程，导致系统不可用	杀毒软件扫描发现病毒后，针对发现的每一个病毒须由所属单位运行人员确认后方可执行杀毒或删除
6	系统加固（删除、卸载多余软件（如游戏、影音、即时通信、P2P下载等与业务无关软件），关闭不必要的服务	责任人：工作人员；作业风险：软件删除、卸载，服务关闭错误，导致系统软件不可用，系统运行不正常	软件删除、卸载由所属单位运行人员确认后方可执行卸载、删除或服务关闭
7	整改验收	责任人：工作人员、工作负责人；作业风险：验收检查不到位，工作不完成，系统工作质量不达标	执行三级验收，工作人首先对工作质量进行自检，再有由工作负责人进行整体检查，最后由设备运行人员进行验收

续表

网络安全防护专业核心业务控制措施单 1	核心任务：电力监控系统主机网络安全防护加固	
序号	任务步骤	风险暴露信息（人员/设备/电网/环境）	现 有 措 施
8	系统并网（系统主机加固完成后，开启系统主机接入终端所连接的网络接入交换机端口，系统主机并网运行）	责任人：工作人员；作业风险：系统主机端口并接开放错误，影响系统运行	执行工作监护制度，恢复前核对接入端口、IP 与工作前关闭保持一致。工作完成后做好工作记录

9.2 电力监控系统主机网络安全防护评估

网络安全防护专业核心业务控制措施单 2	核心任务：电力监控系统主机网络安全防护评估	
序号	任务步骤	风险暴露信息（人员/设备/电网/环境）	现 有 措 施
1	作业前的准备（工器具、设备、材料装卸）	施工人员	确穿戴长袖工作服及绝缘工作鞋；有特殊需要时，准备绝缘手套、帆布手套或线手套；检查工具、器具是否准备妥当，是否有遗漏；其他材料是否准备齐全
2	核实具备开工条件	调度自动化系统设备	严格执行工作票制度及外单位施工交底制度，并告知作业人员应遵守双方约定的保密协议，按规定进行工作许可，并交代现场危险点及控制措施；严格执行监护制度

续表

网络安全防护专业核心业务控制措施单 2		核心任务：电力监控系统主机网络安全防护评估	
序号	任务步骤	风险暴露信息（人员/设备/电网/环境）	现 有 措 施
3	开展二次安防评估工作	调度自动化系统设备	二次安全防护评估作业人员为外单位人员，应对作业人员的作业过程实施全过程监护，防止作业人员误更改二次系统相关参数，导致系统瘫痪、停运
4	清理工作现场	调度自动化系统设备	严格执行工作票制度及外单位施工交底制度，并告知作业人员应遵守双方约定的保密协议，按规定进行工作许可，并交代现场危险点及控制措施；严格执行监护制度

参　考　文　献

［1］　中国南方电网有限责任公司．Q/CSG 212045—2017 中国南方电网电力调度管理规程［S］. 北京：中国电力出版社，2017.

［2］　中国南方电网有限责任公司．中国南方电网调度运行操作管理规定［M］. 北京：中国电力出版社，2017.

［3］　玉溪电力调度控制中心．地、县调调度员培训教材［M］. 北京：中国水利水电出版社，2012.

［4］　廖威．地区电网电力调控专业技术知识读本［M］. 北京：中国水利水电出版社，2017.

［5］　张春辉．调度自动化主站系统运行维护［M］. 北京：中国水利水电出版社，2017.

［6］　中国南方电网有限责任公司．安全生产风险管理体系［M］. 北京：中国电力出版社，2017.